FASHION
DESIGN

"十三五"普通高等教育本科部委级规划教材

服装设计

从创意到成衣

主　编◎梁明玉
副主编◎刘丽丽　何钰菡

中国纺织出版社

内容提要

本书以服装设计的过程为线索，深入探讨了与设计相关联的一系列过程，并以这些过程为载体，介绍了服装设计的基础知识、基本理论和设计规律，同时穿插众多服装设计案例，内容丰富，图文并茂，便于读者快速掌握服装设计的脉络，提升从设计创意到成衣实现的转化能力，具有鲜明特色以及较强的实用性和针对性。

本书可作为高等院校服装设计专业教材，对从事品牌服装设计的设计师及广大的服装设计爱好者也具有重要的参考价值。

图书在版编目（CIP）数据

服装设计：从创意到成衣 / 梁明玉主编． -- 北京：中国纺织出版社，2018.8（2023.8重印）

“十三五”普通高等教育本科部委级规划教材

ISBN 978-7-5180-5032-1

Ⅰ．①服… Ⅱ．①梁… Ⅲ．①服装设计—高等学校—教材 Ⅳ．① TS941.2

中国版本图书馆 CIP 数据核字（2018）第 096569 号

策划编辑：李春奕　　责任编辑：杨　勇　　责任校对：王花妮

责任设计：何　建　　责任印制：王艳丽

中国纺织出版社出版发行

地址：北京市朝阳区百子湾东里 A407 号楼　邮政编码：100124

销售电话：010—67004422　传真：010—87155801

http://www.c-textilep.com

E-mail:faxing@c-textilep.com

中国纺织出版社天猫旗舰店

官方微博 http://weibo.com/2119887771

北京华联印刷有限公司印刷　各地新华书店经销

2018 年 8 月第 1 版　2023 年 8 月第 3 次印刷

开本：889×1194　1/16　印张：8

字数：128 千字　定价：49.80 元

当代服装设计已经进入了创意时代，无论是独立设计，还是服装品牌的市场拓展、服装企业的产品、服装院校的设计教学，如果没有创意、缺乏创新，就会被时代需求和市场规则所淘汰。因此，富有创意的设计已成为服装设计师或服装品牌走向成功的关键。虽然，中国服装设计界取得了举世瞩目的成就，但今天中国服装设计界对于创意设计的认知仍然还是相对缺乏，创意设计的能力还有待进一步提升。面对越来越快的时尚变化和市场风云，对于服装教育界而言，培养具有创意能力的设计人才，培育具有创新意识的设计团队，推出更具创意、更富创新的产品，以适应消费者日益增长的精神与物质需求，是亟待解决的实质性问题。

本书以服装创意设计的过程为线索，分别探讨了创意设计过程中不同阶段的创意思路和创新方法，并结合大量的中外服装设计案例阐述从创意思维、创意设计过程到创意产品成型的全过程，意在帮助服装设计学子们掌握创意设计的脉络，从而为其创意设计提供一定的方向性指导。另一特色是作者将自己设计生涯中的创意服装设计代表作品，专列出章节与单元，讲解了该设计案例的创意思路、空间关系、文化内涵、形式要素、视觉张力、技术路径、材料选择、结构要领、造型工艺、表演传达、服饰外延、环境与服装、创意主题与服装载体等方面。这些创意设计案例，立足中国现实，跻身国际潮流，应用服装语言，拓展艺术境界，超越经验层面，且富于创意思想的启迪。

针对广大设计院校的服装学子，本书根据服装设计专业课程的渐进阶段，立足启发设计灵感，拓展创意思路，注重技术路径和创意资源的撷取，详尽分析优秀服装创意设计的案例。对服装学子的形象思维，灵感孕育和动手能力的培养，审美品位的提升，都有切实的裨益。

牟群

四川美术学院艺术理论系教授

2018年1月

目录

CONTENTS

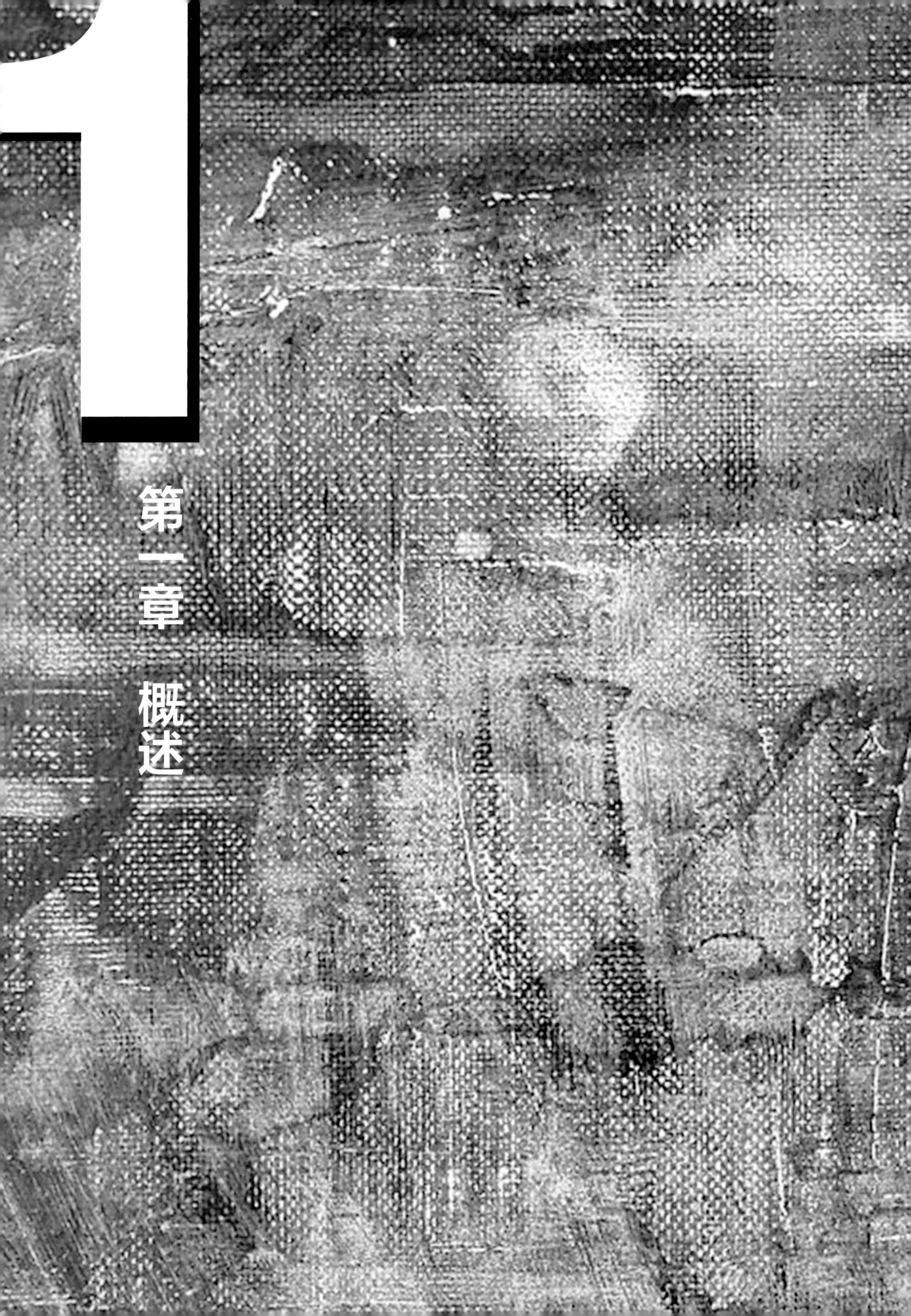

1

第一章 概述

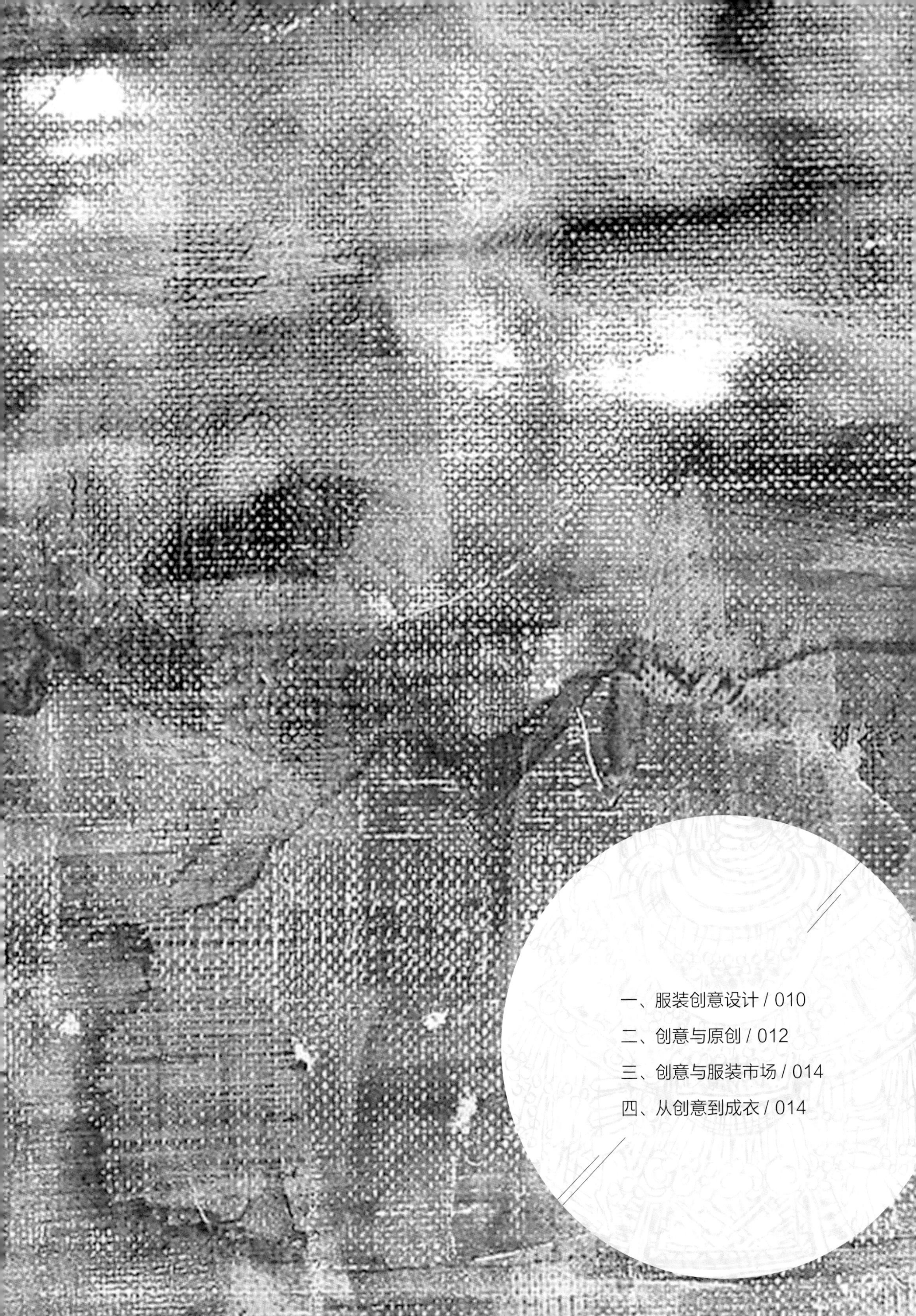

服装设计是服装产业的灵魂，而创意则是服装设计的灵魂。人类服装发展到今天，无论是大众消费的普通成衣，还是流行的时尚、前卫服装，或是舞台演艺的、职业性的服装，这些服装的设计都需要创意才能推陈出新，从而推动整个服装行业及服装文化的发展与进步。

一、服装创意设计

设计作为服装产业的生产力和服装产业消费竞争的核心，必须符合社会生产和消费市场的规律。服装作为消费商品，其在号型、款式、材质、技术、审美等方面都要符合通用的标准。这种常规化的标准往往会使设计形成一定的套路并受到束缚，而消费者又常常不满足于常规，去追求设计概念或形式的创新。可见，不断突破常规的创意设计是现代服装设计的核心（图 1-1、图 1-2）。

为了凸显创意，在设计过程中，设计师要以丰富的情感、敏锐的视角和倾心的投入来对待服装创

图 1-1　在服装消费市场环境中，创意更多的体现在细节设计上

图 1-2　创意的境界无限宽广

意。日本籍服装设计师川久保玲（Rei Kawakubo，服饰品牌 Comme des Garcons），对设计创意的重视远远高于服装本身的形式。在她的 2015 年春夏作品中采用象征着“血液和玫瑰”的红色寓意重生，暗喻当今的都市人都身负重压，需要短暂的逃离空间。她既运用了象征希望和美好的鲜花元素，同时又通过大量混乱无序和恐怖暴力的暗示、变化多端的造型，引发我们多维度的思考（图 1-3）。

图 1-3　川久保玲 2015 春夏巴黎时装周作品

二、创意与原创

什么是原创？这是一个具有争议性的概念。

20 世纪是现代服装盛行的时代，出现了许多原创设计大师，而在 21 世纪的今天，伴随着社会和文化的发展，服装艺术和潮流也进入了后现代时代，即一个多元文化共生的时代。特别是网络时代的来临，使我们可以获得海量的资讯，对很多的创造都已见惯不惊，似曾相识。服装原创只有在资源选择或组合中呈现出新观念，才能称之为原创。所以，设计师不必去苦思冥想原创的形式，而是要广泛吸收众多资源，广泛涉猎社会科学和自然科学等领域知识，特别是各种艺术门类，提高自己的审美修养和审美趣味，丰富并累积创意资源。设计如果能体现出一种新锐的观念和独到的趣味，就具有了原创的意义，也就具有了创意。被称为英国时尚教父的已故设计师亚历山大·麦克奎恩 (Alexander McQueen)，堪称设计鬼才，天马行空的创意常常能设计出惊世骇俗的作品，具有很高的辨识度，以独特的设计风格确立了他在时尚界的地位（图 1–4）。

图 1–4　鬼才设计师亚历山大·麦克奎恩作品

近年来，国内对原创设计及原创设计师倍加推崇，各种形式的买手店、设计师品牌集成店及产品展示厅（showroom）等，使很多有才华的设计师开始崭露头角，中国的设计力量正逐步被挖掘和培养（图 1–5、图 1–6）。

图 1–5　设计师品牌集成店——栋梁

图 1–6　原创设计师的产品展示厅如雨后春笋般在各地涌现

三、创意与服装市场

今天，全球服装业的竞争进入品牌竞争的时代，品牌竞争最终体现在品牌文化及设计的创意上，这些创意往往是从品牌消费对象的生活方式及文化趣味着手来创造设计新意、调整服装形态，或者为消费者讲述一段故事来营造一种文化氛围和记忆等。可见，服装品牌文化及设计的创意首先要体现并符合服装消费市场的规律，其次是在流行趋势和设计审美的潮流中寻求突破、标新立异，然而无论怎样的创意及创新只有被消费者认同、服装市场接受才是创意成功与否的关键。

四、从创意到成衣

创意的产生首先是灵感的驱使，灵感是设计的最初动力。灵感，是指无意识中突然兴起的神奇能力，设计师常因某些情绪或事物引发创作的激情，是瞬间产生的富有创造性的突发思维状态。设计师将灵感通过一系列思维发散及创意构想，诞生了一种朦胧的图式，这种图式是创意的最初形态，也是服装创意的雏形。雏形产生后，设计师要根据设计要求及设计经验进行取舍，最后确定选择的取向，逐渐将结构明确丰富，形成相对完整的图式，即通常所谓的设计初稿。

初稿完成后，设计师要进行不断的调整和完善，这是一个相对复杂和坎坷的过程，也是设计创意不断升华的过程，这种升华往往是从超越的高度抛弃掉过去的思路和眼光、眼见，使设计创意最终呈现出一个相对完美的状态。

定稿后，设计师面临的任务就是将平面的设计图转化为立体的、物质的服装设计成品，其包括对服装面辅料的选择、服装结构制图及服装工艺制作。设计师要调动所有的感官和设计经验，如对面辅料性能、质感及风格的精准把握，对服装造型、结构及尺寸的准确分析，对服装工艺及工序流程的了解等，这些因素都在某种程度上决定着创意的成败。

服装从创意灵感到最终服装是一个环环相扣的设计过程，设计师要具备设计、结构及工艺的全方位能力，才能使设计创意完美的呈现（图1-7）。

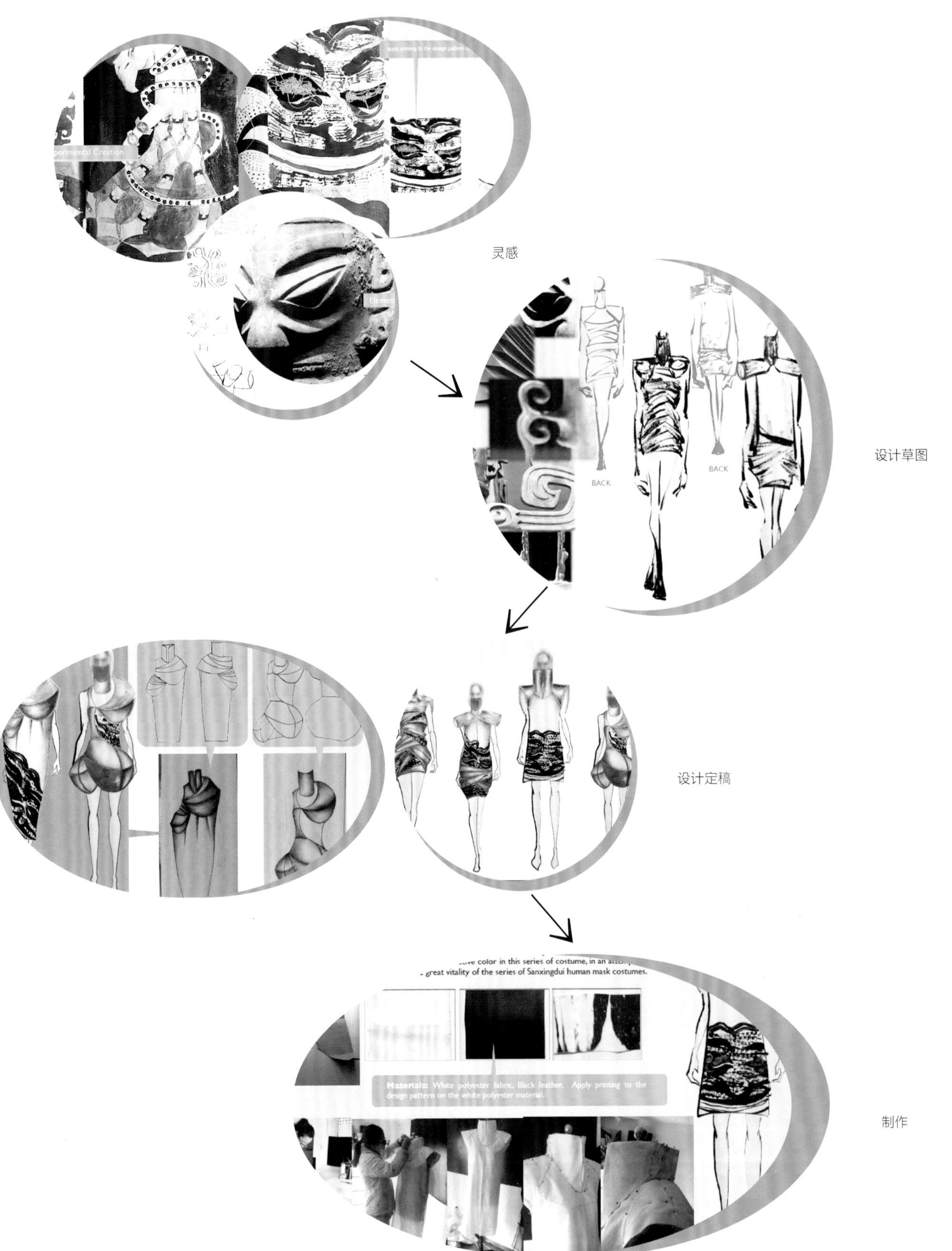

图 1-7　服装从创意灵感到最终成衣的设计过程

第二章 服装创意设计的基本原则、思维和方法

一、服装创意设计的基本原则

衣食住行中衣为首，可见在人类社会生活中，服装扮演着重要的角色。这种重要性首先要体现为服装的实用与审美的目的，创意设计应首先满足这两种需求；其次，创意设计还要明确设计的目的，体现对设计对象的尊重，以人为本；再次，创意在于给人耳目一新的感觉，体现设计的情感和趣味性；最后，人时时刻刻都处于环境之中，无论是自然环境还是社会环境，都要体现人与环境的和谐统一。

1. 实用与审美兼具的原则

服装作为人类的物质性需求，首先体现并满足其对人体的适应和辅助作用，如防寒保暖、趋利避害等，这是服装的实用性原则，它更多地依赖于纺织科技和服装工程技术等因素，是设计的理性因素，也是服装创意设计的基础和前提；审美性立足于功能性基础之上，体现人类的精神性需求，如装饰审美、道德礼仪等目的，是设计的感性因素，也是服装创意设计的载体。可见，优秀的创意必然是集功能与审美于一体，在满足服装功能性的同时，兼具审美性，或者说在追求审美性的道路上保持其最基本的功能性。

2. 以人为本的原则

服装创意设计中的以人为本体现在设计对人性的关怀。好的设计创意必有独到的艺术境界与审美品位，艺术境界最难达到，是艺术家们所矢志追求的艺术对人性的关照，达到表现人性的境界。相对于其他文学艺术，服装的形态没有直接的叙事和表意的功能，但服装的流行、时尚、创意都透露出人生的处境和信息，表现着文化观、生活观和各种精神取向。所以服装是人的内在精神的外化，服装所传达和表现的是人的精神和人性，正是在这层意义和价值之上，服装才有说不完的话题 (图 2-1)。

图 2-1　科莉·尼尔森 2014 秋冬女装发布

毕业于英国中央圣马丁艺术与设计学院的年轻设计师科莉·尼尔森（Corrie Nielsen）2014 秋冬女装以"人性的摇篮"为主题，从女性对爱与情感的自我牺牲中得到灵感，将热情、冷漠、魅惑、欲望与绝望都凝聚在时装中。设计师采用不同的材质及工艺手法塑造了类似的女性廓型，阔挺的垫肩、收腰设计、圆润的下摆轮廓等展现了女性的多重气质。

图 2-2　英国设计师陈思（Si Chan）的 "Hug Me" 趣味羽绒服系列

3. 情感和趣味性的原则

艺术不仅是承负人类命运、表现社会、与精神拥抱、与自然和谐，艺术也必须是情感和趣味的表现。所有的艺术境界都要灌注情感，但情感也不必承负过多的人文载荷。载荷过重，趣味便会减少，而不载荷人文的情感往往趣味盎然。服装设计也是同样，人文关怀和天人合一的服装形态，情感充沛、雄浑、含蕴，重精神而少意趣；而流行的服装多欢乐优雅，重意趣而少精神，各具特色、各有所重。但优秀的服装设计总能将情感和趣味两者很好地协调，尽管有所侧重但不会顾此失彼（图 2-2）。

"Hug Me" 系列的特点是双手环绕，从正面看就像有人在后面紧紧抱着你，整个系列都围绕着类似的设计，各种手在各种亮色系的加持下，前卫荒诞的美感呼之欲出。设计师将一种友爱的表象行为与服装设计有趣的结合在一起，简单直观的双手造型成了设计的最大亮点，无论从舒适、沟通、拥抱还是别的联想词出发，这都很好地拉近了人与人之间的孤独距离感。我们或许无法知晓设计师最初的设计想法，但是从设计的最终形式来看，友爱、温暖和关怀必是其灵感之一，体现了其对人性和人生的感悟。

在2015春夏高级定制时装周中，维果罗夫（Viktor & Rolf）的系列给大家带来一曲真实、热烈、返璞归真的田园牧歌。极尽夸张的稻草帽、洋娃娃式的超短裙、挺括而轻盈的廓型，飞扬的裙摆上生长出繁花高枝，浓郁的田园风情，极富趣味性和艺术感染力，这些都颠覆了以往乡村女孩的风格。原来，设计师深受梵·高（Vincent Willem van Gogh）风景画中那种“原始能量”的触动，并引用了他的一句话：“我把我的心和灵魂都投入了作品中，却在这一过程中，迷失了我的头脑。”是的，任何一个苦苦挣扎的富有创造力的设计师都深谙创作不可能来自于冷漠无情，丰富的情感是最具感染力的，也是最能让作品铭记于心的（图2-3、图2-4）。

鸢尾花

橄榄树与阿尔皮勒

图2-3 梵高画作

图2-4 维果罗夫2015春夏巴黎高级定制系列

4. 人与环境和谐的原则

人与环境和谐的原则包含两个方面，即人与自然环境的和谐，人与社会环境的和谐。首先，不同的气候条件对服装的设计提出不同的要求，包括服装的造型、面料的选择、装饰手法甚至艺术气氛的塑造都要受到气候条件的影响和限制；其次，人在生活中经常扮演不同的社会角色，经常出入不同的环境和场合，均需要有相应的服装来适合各种不同的社会环境。设计师要考虑到不同环境对人们的着装要求，设计要满足社交礼仪与风俗习惯（图2-5、图2-6）。

图2-5　服装与自然环境的和谐

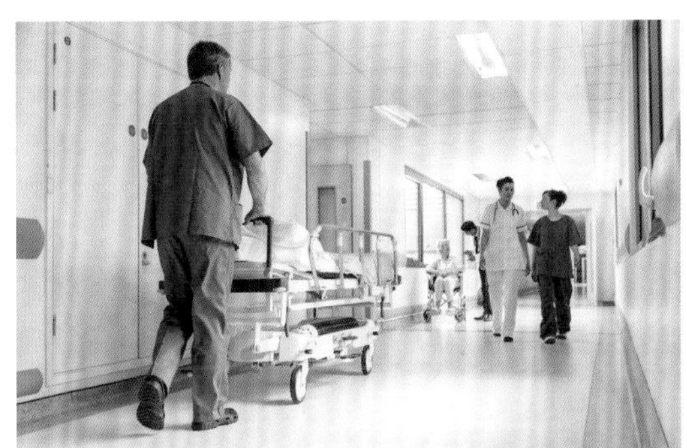

图 2-6　服装与社会环境的协调

二、服装创意设计的思维

服装创意设计的思维是突破常规的设计思维，是针对设计需求进行创造与拓展的思维。它具有鲜活的生命、丰富的内涵、超越的想象和充沛的情感，不同于通常意义上的逻辑化思维、程序化思维。

1. 逆向思维

逆向思维是相对于常识常规而反向思考的一种方式。这种方法使人站在习惯性思维的反面，从颠

倒的角度去看问题。服装的创意就是要突破设计的传统和常规，突破传统风格和格式化，突破行业惯用的设计概念和手法，从多角度、多方向探讨各种对立或融合的元素，寻求对立或组合的可能性（图2-7 ~图2-9）。

在服装设计中，逆向思维可以在设计风格、着装观念、款式设计、材质搭配、色彩组合、工艺制作、搭配形式等多方面展开，如常见的女装男性化、男装女性化、内衣外穿等。

图2-7 逆向思维服装案例——非对称设计

逆向思维最常见的表现方式就是非对称设计，非对称设计突破了对称设计所带来的平淡和安全感，在对立和统一中体现设计趣味。

女装男性化设计

男装女性化设计

图2-8　逆向思维服装案例——性别反设计

逆向思维还表现在设计概念上，如女装男性化和男装女性化的设计，这种设计弱化了男女装在性别上的差异，设计从对立走向融合，呈现中性化。

缝份外露及粗糙的线迹，
未完成和破坏感的设计却很自然

粗细长短不一，疏密有致的线迹装饰充满艺术感

牛仔裤逆向设计成牛仔裙

非对称领型和门襟设计，
使衬衣呈现出更柔和休闲的味道

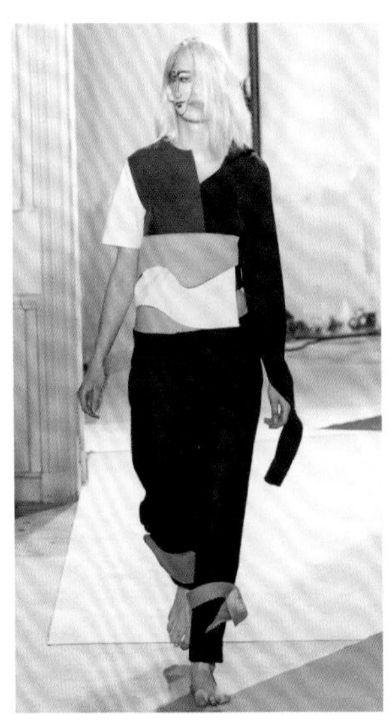

上衣无规则拼接和袖子非对称设计，
直线和曲线交错，设计如行云流水

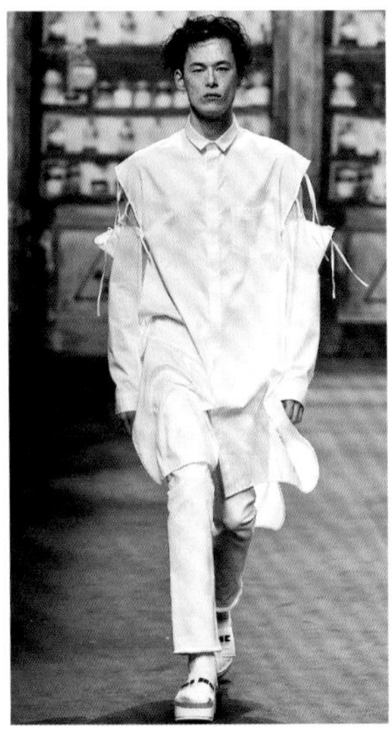

打破袖子的常规，
破坏及连接的方式成为设计的焦点

图 2-9　逆向思维服装设计案例

逆向思维的案例不胜枚举，其独特之处在于能给人完全耳目一新的感受，在流行及时尚风潮中，逆向思维也是推动其发展的重要因素。

2. 跨界思维

德国平面设计大师霍尔格·马蒂亚斯（Holager Matthies）认为，创意就是把两个看似毫无关联的事物结合起来。设计被认为是有目的的创造性活动，而这些看似毫无关联的事物实际上就是跨界思维的载体。“跨界”是一种通过不同媒介和多种渠道来实现设计思维上的嫁接，但这种嫁接不仅仅是思维的叠加，而是一种设计意识的全新再造，这种再造打破了行业之间的“界”，使得设计元素从事物的表面升华到立体化的多元素的融合。例如，汽车与服装、服装与建筑、平面与室内、混合媒体与平面等多个领域的交流与跨界，打破了各自的界别形态，形成了各种新奇的创意主题。

跨界是当今设计界一种新锐的设计态度和设计方式，通过跨界思维，在继承所跨之界各自优秀特性的基础上，创造出超乎寻常的创造性价值。跨界设计作为当前一种科学、理性的设计思想和创新理念，可以说是当代艺术与传统历史再生整合的结果，也可以说是设计师在转换角度之后对所创造对象的重新解读（图 2-10）。

图 2-10　跨界思维服装案例——服装艺术与建筑、工业设计的跨界

3. 无理思维

无理思维，顾名思义就是不合理、无规则、有违常规的一种思维方式。设计师要故意打破思维的合理性从而进行一些不太合理的思考，然后从这些不合理性中发现突破口，再从中整理出比较合理的部分，它具有散漫的、无禁忌的、跳跃的、随心所欲的特点。

无理思维的产生大多是受到某些事物的启发、刺激从而萌生设计灵感，设计师对引发设计灵感的事物或概念进行拆解、破坏，或随意混搭，毫无逻辑或理性的设计，带有游戏般或幽默感的态度，使设计作品呈现出迥异的风格特征。在这种思维方式下，作品往往与众不同，具有前卫、夸张的特点，令观者匪夷所思（图 2-11、图 2-12）。

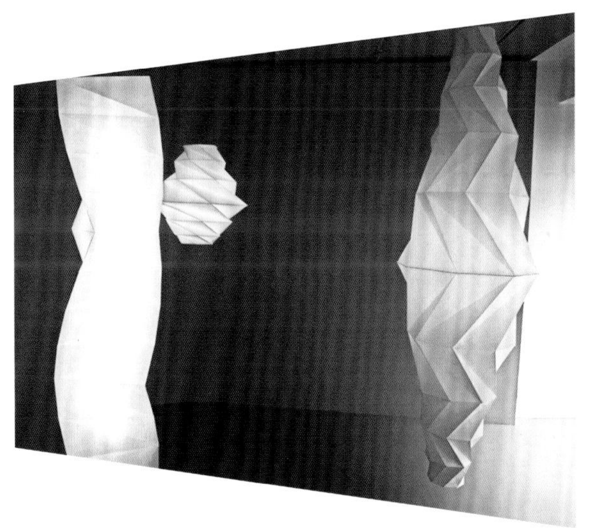

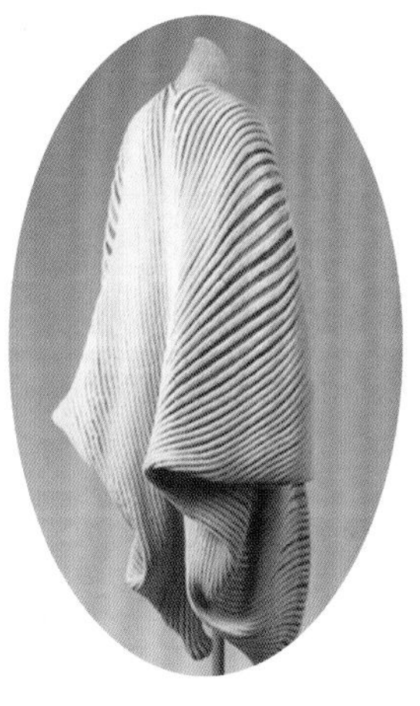

图 2-11 无理思维案例——作品具有独到和前卫的特点

图 2-12　无理思维设计带给人更深层次的思考

三、服装创意设计的方法

创意设计的思维是在服装创作的构思阶段进行构建的，当设计进入作品的具体形式的创作时，创意思维可以表现出多样化的方式与语境，也就形成了各种创意设计的方法。而掌握创意设计的方法，是创意思维得以实现的保障。

1. 逆向法

逆向法是逆向思维的表现手段，是指在相反或对立的角度去思考服装设计的元素，突破常规，寻求异化和突变的效果，从而在设计构思上给人一种全新的感觉。逆向法可以表现在设计的主题及服装的风格上，也可以表现在服装款式、面料、色彩、图案及工艺的设计上，如服装的非对称性设计、非服装材质的运用、内衣外穿、服装款式结构的前后更换、服装缝制时的缝份外露、服装后开襟等都是逆向法的设计（图 2-13）。在这一点上，我们可以多向让·保罗·高缇耶（Jean Paul Gaultier）学习，在 2015 春夏巴黎时装周上，设计师通过经典作品的回顾以及向知名时尚杂志编辑的致敬优雅地完成了这场告别秀，从这些经典的作品中，我们可以领略到其纯熟的逆向设计技法（图 2-14）。

衣身左右的非对称设计来自于成衣的工艺，形成了成品和半成品的质感对比

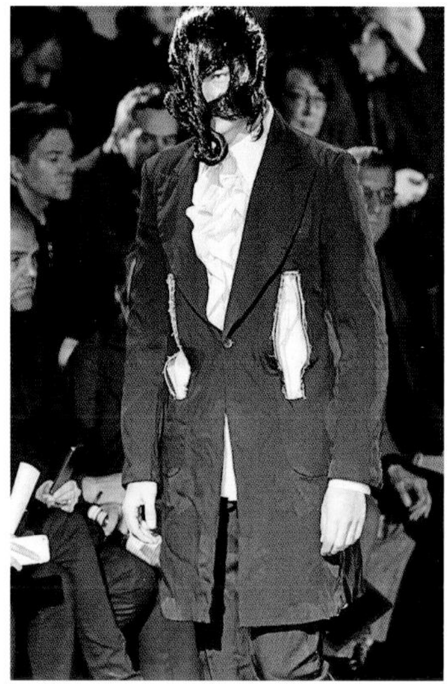

破坏是逆向设计常用的手段

内衣外穿

设计概念的逆向，男装的女性化设计

图 2-13　逆向法服装案例

图2-14　让·保罗·高缇耶2015春夏成衣发布

日本设计师川久保玲是逆向法设计的典型代表，她总是从各种对立要素中寻求组合的可能性，从各个角度来考虑设计，或色彩，或表现形式，或着装方式，有时有意无视原型，有时又根据原型，却又故意打破这个原型，总之是逆向的设计。所以她每一季的发布会都充满了各种新鲜的元素和另类的设计，也强烈的标识出其独特的个人风格。2014秋冬巴黎男装作品中，设计师用斜裁和非对称的设计手法，打破了西装和中山服等这类传统男士正装的严谨和正式感，轻松、另类，带着亦庄亦谐的怪趣，显示出设计师的玩世不恭和无所顾忌的设计自由，而这正是一位优秀设计师应该具备的品质（图 2-15）。

双排扣西装的偏门襟设计

下摆非对称设计

改良中山服偏门襟和口袋设计让人产生视错感

图 2-15 川久保玲 2015 秋冬男装发布

2. 解构法

解构法源于设计界中的解构主义。解构主义诞生于法国当代著名哲学家德里达（Derrida），他希望人从“一切都木已成舟”的观念中解脱出来，反对接受既有的形式化程序。从解构这个词的一般意义上讲，它不是中心，不是原则，不是推力，甚至不是事件的规律，也就是没有原则。直观地来讲，在服装设计中，解构法就是对传统服装进行破坏性的改造，消解其固有的结构，解除其常规的设计方式，最后把散乱无序的“零件”自由的拼凑起来，没有规范，没有束缚，拼凑之后的作品或许完全背离了服装的形态，但正是这种肆无忌惮的设计，才实现了完全意义上的创意。

2015 年度 H&M 设计大奖（The H&M Design Awards）的得主是来自香港的新锐设计师李东兴（Ximon Lee），他毕业于美国纽约的帕森斯设计学院，他的男装毕业系列灵感来自于俄罗斯之行。他用夸张的廓型、层叠的设计手法结合解构的剪裁技术，意想不到的混合材料与有机材质的结合，使得整个系列充满实验味道。令人意想不到的是，夹层黏合的材质竟然是垃圾袋、硬纸板等废旧材料。整个系列的形态和拼接手法都充满着艺术美感，未完成的手工质感也极具趣味性（图 2-16）。

图 2-16　李东兴 2015 年度 H&M 设计大奖作品

3. 夸张法

夸张是运用夸张的手法将服装的某一元素强调到极致，或极度扩大，或极度缩小，从而造成视觉上的强化与弱化，增强视觉冲击力。夸张的手法可用于服装的整体或局部造型。如服装整体廓型的夸张，通过夸大服装的廓型特征和人体体形特征，以达到极大甚至是过度的程度（图 2-17）。

图 2-17　夸张法服装案例——廓型的夸张

服装局部造型的夸张，包括颈、胸、肩、腰、臀等，可形成夸张的领型、胸型、肩袖造型、腰型、臀型及裙形等，使服装的结构向外延伸，从而使着装形象更为鲜明生动。艾丽斯·范·荷本（Iris van Herpen）2011秋冬高级定制秀，从宛如珊瑚礁般的裙摆，到如鳞片般张开的、密密麻麻的透明三角形装饰！设计师艾丽斯·范·荷本最擅长的立体感服装中流露出自然界神秘的生命力量。夸张、硬朗、异想天开的轮廓与造型，极致繁复的工艺，总在颠覆着观者对于“服装”的固有印象（图2-18）。

图2-18 艾里斯·范·荷本2011秋冬高级定制发布

夸张法还可以对面料、装饰细节等进行夸张，如面料的再设计，可以丰富面料的质感，强调肌理的特殊效果，另外在设计中可采用重叠、变换、组合、移动、拆解等手法，从位置高低、长短、粗细、轻重、厚薄、软硬等多方面进行极限夸张。夸张法能创造出极具感染力的视觉效果（图2-19）。

图2-19 夸张法服装案例——面料、装饰细节等的夸张

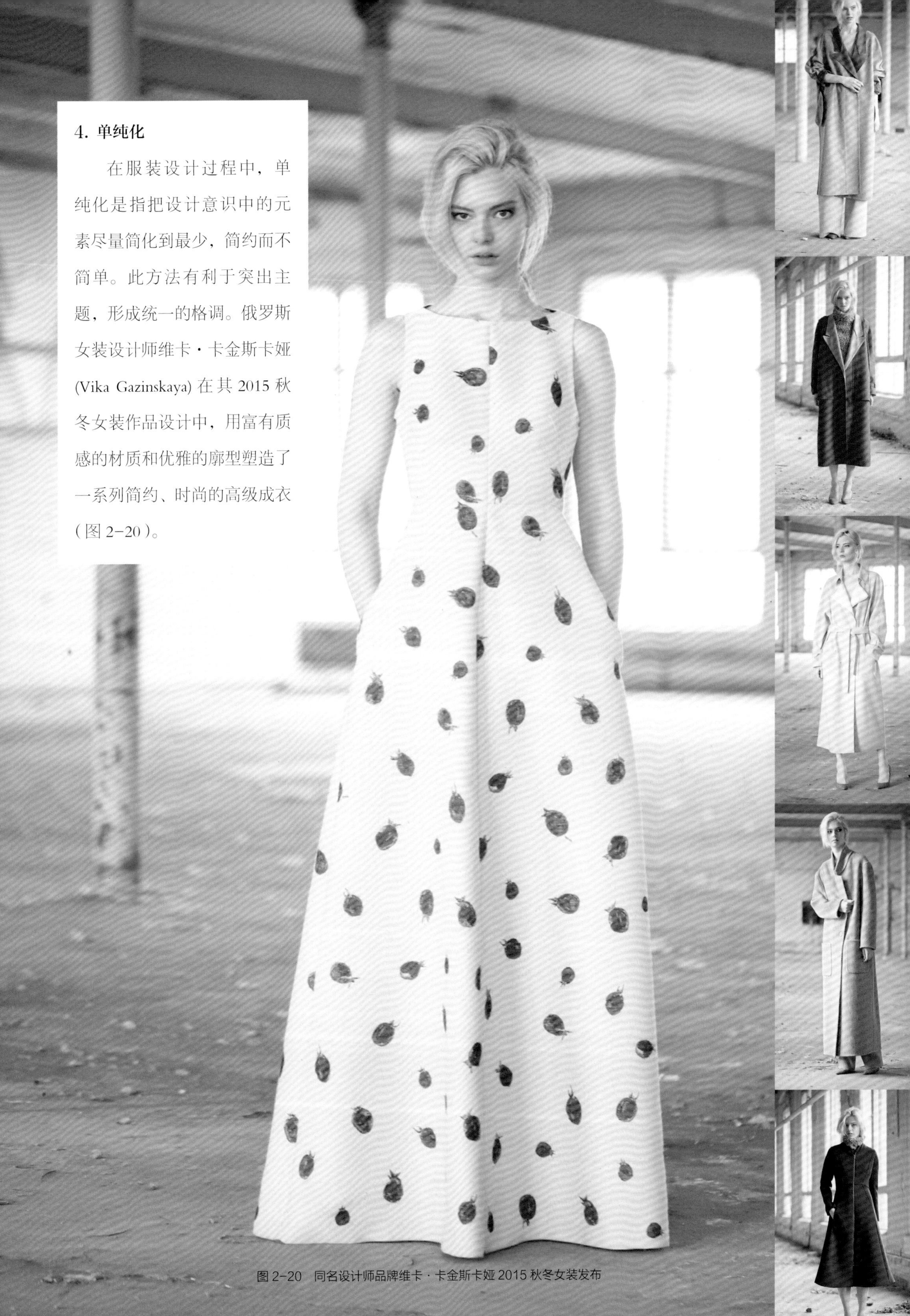

4. 单纯化

在服装设计过程中，单纯化是指把设计意识中的元素尽量简化到最少，简约而不简单。此方法有利于突出主题，形成统一的格调。俄罗斯女装设计师维卡·卡金斯卡娅(Vika Gazinskaya)在其2015秋冬女装作品设计中，用富有质感的材质和优雅的廓型塑造了一系列简约、时尚的高级成衣（图2-20）。

图2-20　同名设计师品牌维卡·卡金斯卡娅2015秋冬女装发布

3

第三章　创意设计的元素

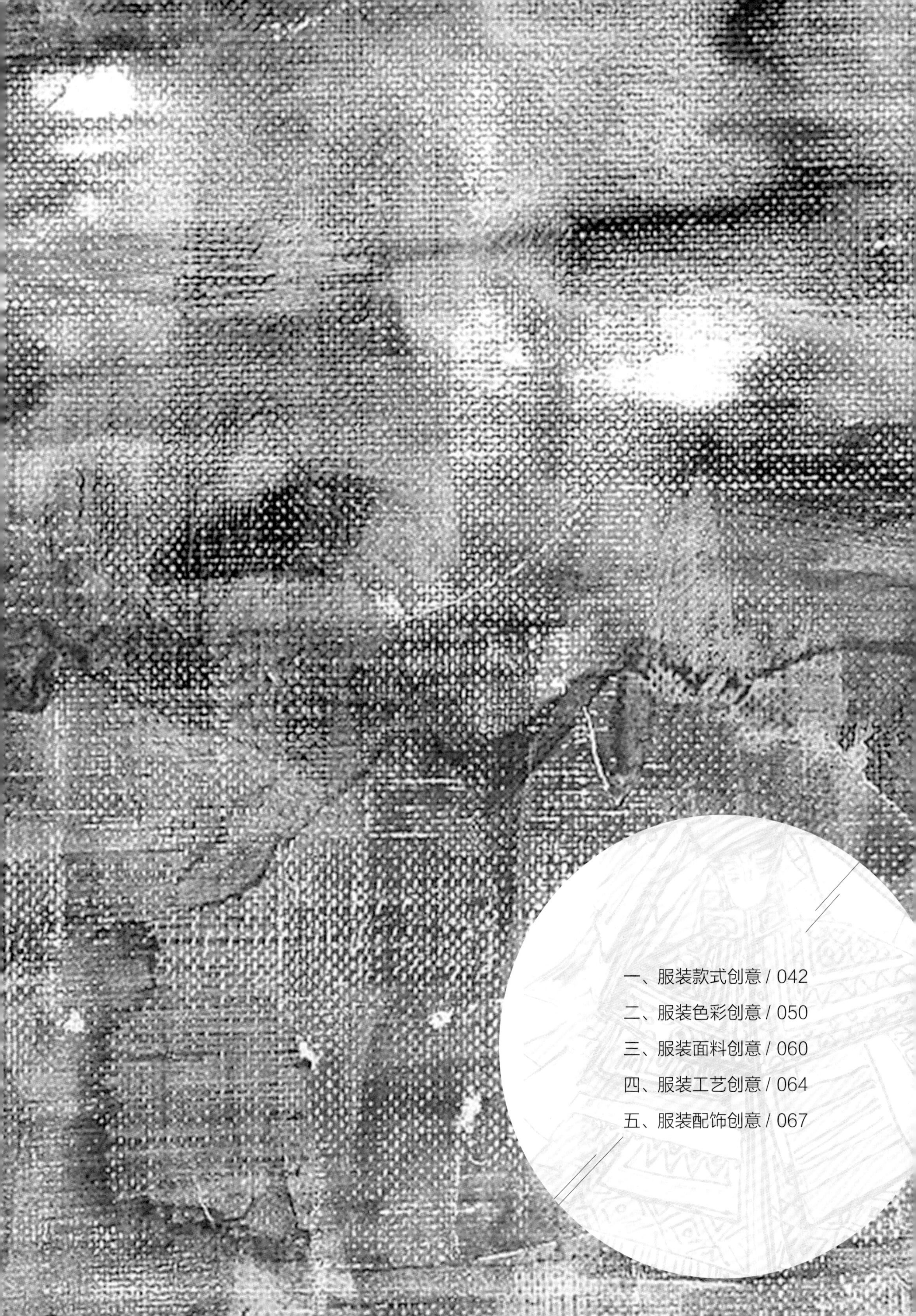

一、服装款式创意

服装款式的创意主要体现在对服装外廓型创意、内结构创意及细部创意等方面。

图 3-1 服装款式轮廓

不同服装外廓型组合变化而生成的新服装外廓型。

1. 服装外廓型设计

外廓型是服装的造型剪影，是影响服装风格的第一要素。在服装廓型创意中，可通过廓型的分割、分离及组合等创造出新颖的创意（图 3-1）；也可根据肩线、腰线、底边线在围度和高度上的组合变化创造出更为奇特的服装外观（图 3-2）。

2. 服装结构设计

服装结构设计主要是服装分割线的设计，它也是塑造外廓型的关键。服装分割线主要包括功能性分割线设计（图 3-3）、装饰性分割线设计（图 3-4）和功能装饰分割线设计（图 3-5）。服装分割线设计考量设计师的艺术审美以及对服装造型技术的理解和应用，是服装结构设计的灵魂（图 3-6）。

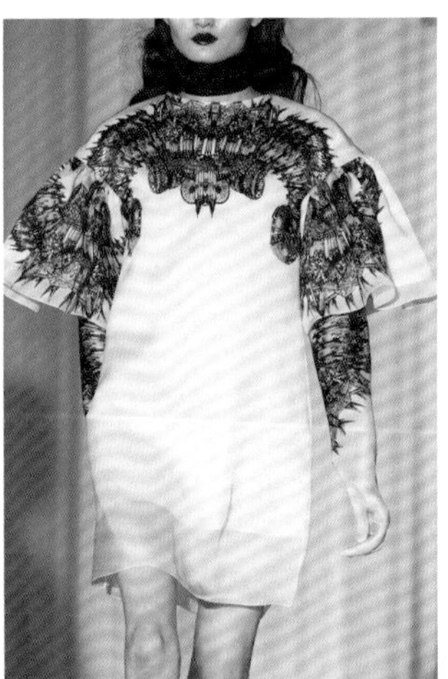

图 3-2　服装廓型创意

袖子分割线设计

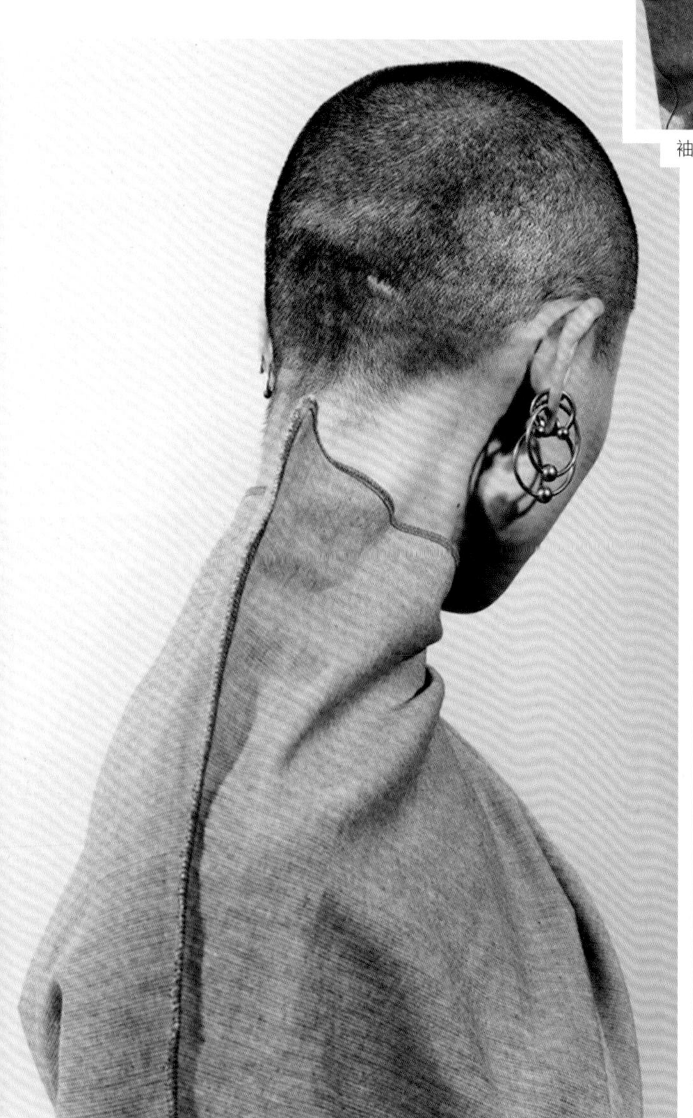

肩线的塑造

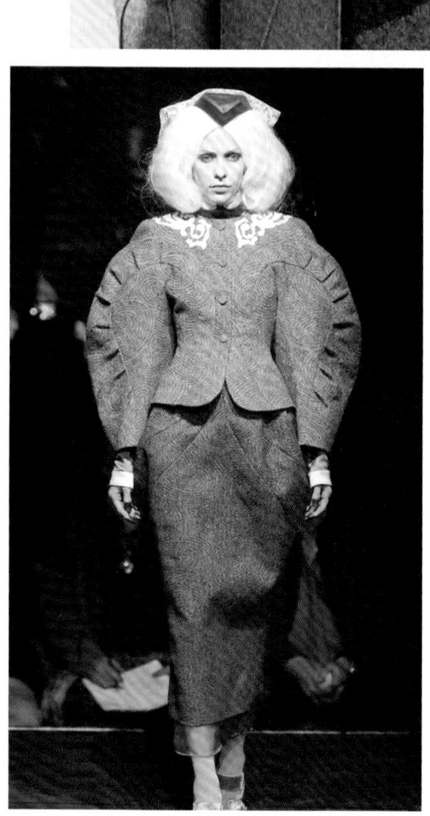

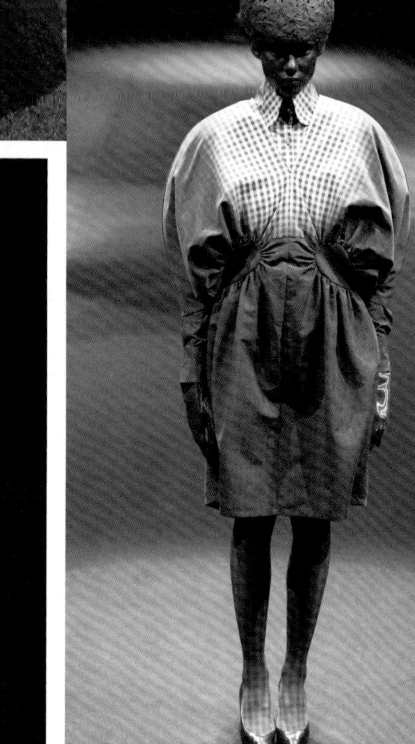

腰间分割线与褶皱搭配设计

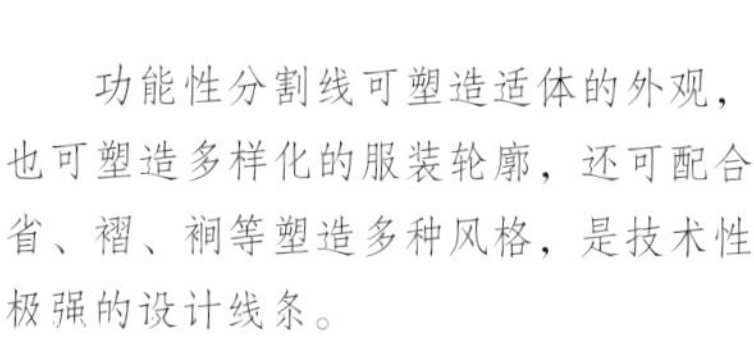

功能性分割线可塑造适体的外观，也可塑造多样化的服装轮廓，还可配合省、褶、裥等塑造多种风格，是技术性极强的设计线条。

图 3-3　功能性分割线设计

图 3-4 装饰性分割线设计

装饰性分割线是根据设计形式美感的需要，附加在服装表面仅起到装饰美化的作用，它的形态和位置可以多种多样，变化丰富，一般多为缉明线装饰或饰以嵌条、花边等。

图 3-5　功能装饰分割线设计

功能装饰分割线的设计较为巧妙，将服装结构线设计隐含在富有美感的装饰线中，达到了集功能性与装饰性于一体的和谐统一。

图3-6　服装分割线设计

在服装结构设计中，分割线设计通常与面料拼接、色彩对比及装饰工艺等相结合，以增加设计的丰富性和层次感。

3. 服装细部设计

服装细部设计包括服装零部件及装饰细节等，如领、门襟、肩袖、口袋、腰头、下摆等。通常来讲，这些细部设计都有传统的设计规范和套路，设计师需要动用一些逆向思维来突破（图3-7）。

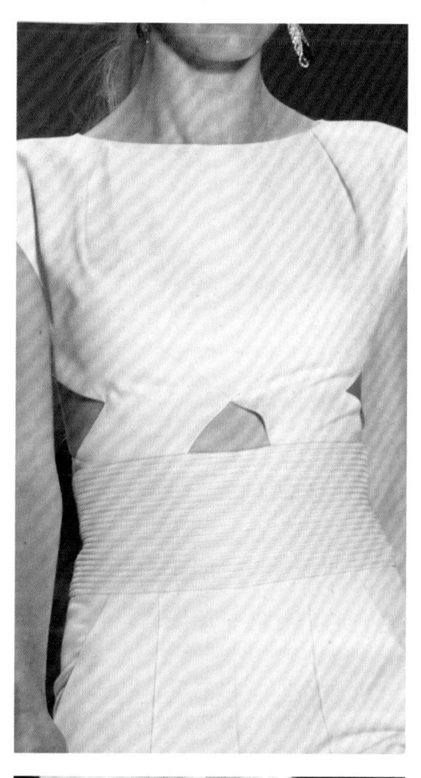

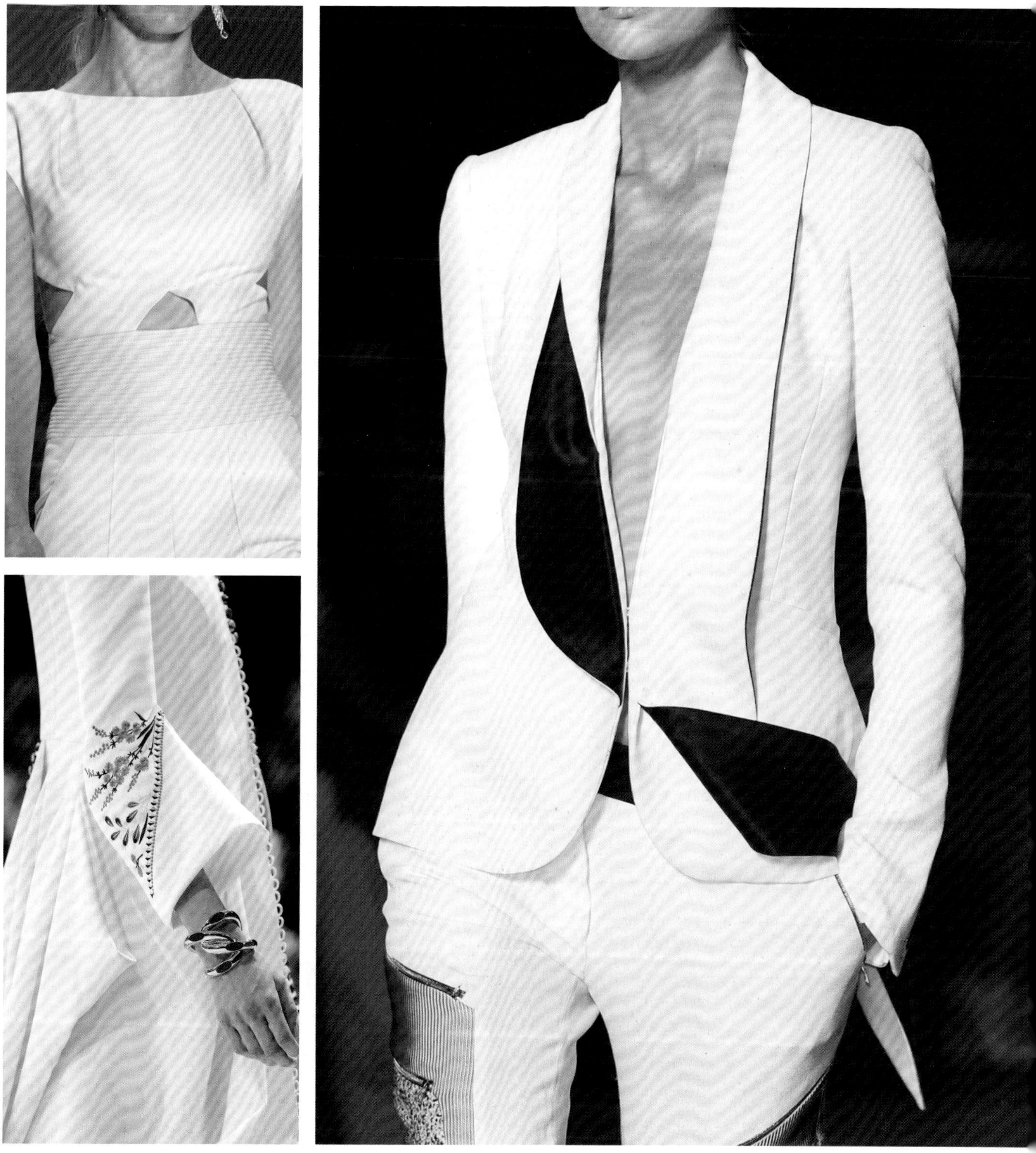

图3-7 服装细部设计

二、服装色彩创意

色彩是引起人们视觉敏感的第一要素，极富创意的色彩搭配不仅能表现出设计师对色彩的体验和把控能力，同时也是传递创意信息的重要媒介。大自然及动植物的色彩或艺术及绘画作品的色彩都是很好的取色标本（图 3-8）。

针对品牌服装设计，服装色彩创意要符合品牌服装的设计风格，也要考虑目标消费群体对色彩的偏好。色彩的创意具有一定的约束性，如强调优雅风格的服装品牌阿玛尼（Armani），色调偏好经典黑白灰、米色、咖啡色等雅致的色彩，具有品牌稳定的色彩群，但也会根据流行趋势在系列中点缀部分流行色（图 3-9）。

图 3-8 大自然的色彩

大自然是最伟大的色彩创意大师，虽然自然界的色彩种类是有限的，但是通过对色相、明度、纯度、面积、冷暖等关系的处理可以产生极为丰富的色彩。

图 3-9 阿玛尼 2015 秋冬米兰时装周系列发布

针对主题性的设计，服装色彩创意具有较大的发挥空间。曼尼什·阿若拉（Manish Arora）的同名品牌设计灵感来源于传统的印度文化，作品充满异域风情和摩登的多彩设计。他的2015秋冬系列兼具未来主义与民俗色彩的游牧格调，大自然和动植物本身的色彩被发挥得淋漓尽致（图3-10）。

图3-10 曼尼什·阿若拉2015秋冬女装发布——奇幻的民俗色彩

以色彩为灵感的设计，色彩本身就是创意的载体，可配合设计主题及款式、面料等的合理布局和搭配设计。在设计中，相同的色彩会因为面料的质感而显示出差异性，所谓同色不同质，设计师要善于利用这一特点来增加服装设计的层次感（图 3-11~图 3-15）。

图 3-11　以企鹅色彩为灵感的创意设计——梁明玉作品

设计说明：通过对2015/2016秋冬成衣流行趋势的分析，进行了对ZARA品牌的女装新品设计。灵感来源于印象派绘画大师的作品，将其作品的精髓色彩及花纹提取出来运用于此系列服装中，色彩上主要运用红、黄、蓝及其近似色间的相互穿插，面料则采用呢子、软皮、雪纺、兔毛，为寒冷的冬季在保暖的基础上增添一丝飘逸之美。

图3-12　郭静超作品

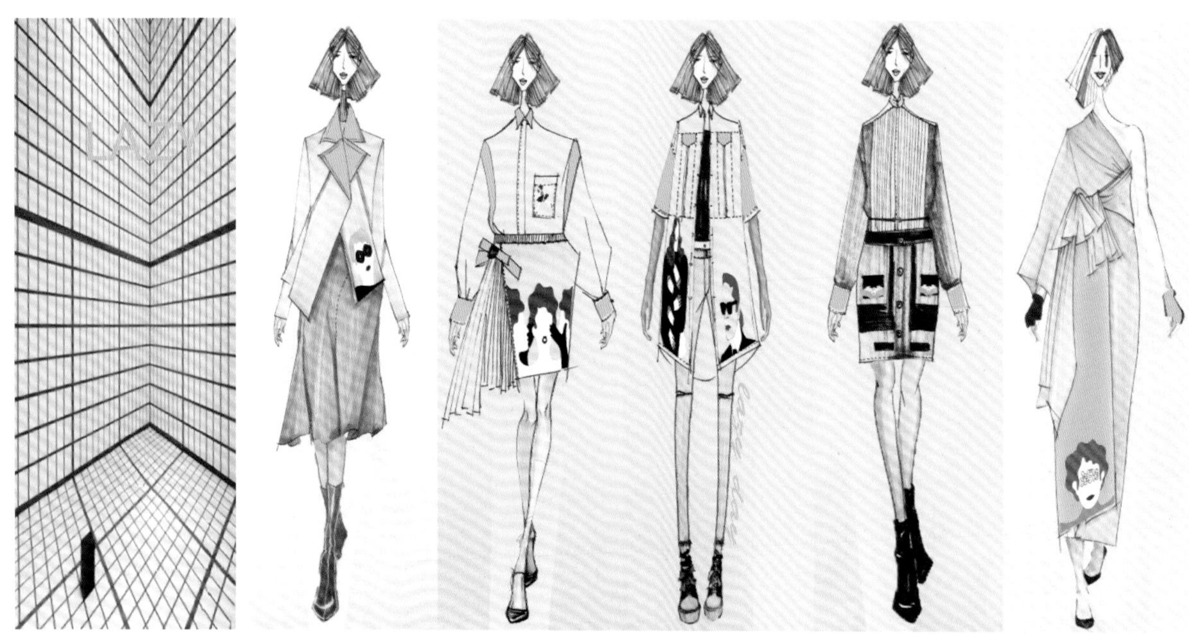

图3-13　袁晓燕作品《懒癌》

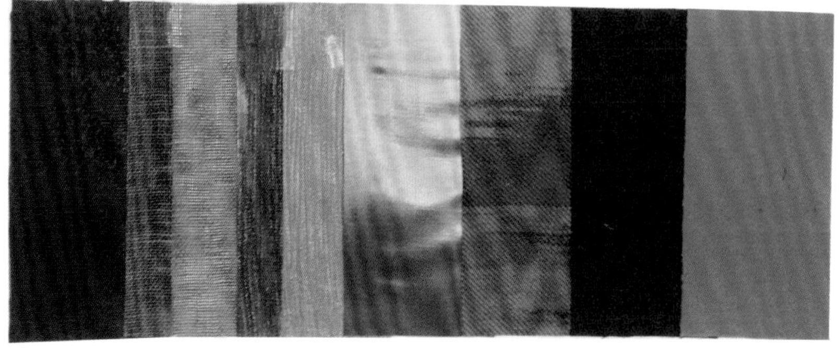

图 3-14　杨尹作品

图 3-15　黑白灰服装作品

拉米·卡迪（Rami Kadi）2015 春夏高级定制作品洋溢着 20 世纪 50 年代的复古风，迷幻纹路的黑白图案配合闪光色质的丝绸、羊毛线以及鸵鸟羽毛等材质的变化，使黑白的变化极富层次感。色彩有有彩色和无彩色之分。相对于有彩色的丰富色感和极富变化带给人们的强烈视觉冲击而言，无彩色显得冷静和清高，黑白灰的搭配，带来简约的时尚和高级感。

色彩设计通常伴随着图案设计，图案是色彩很好的表现载体（图 3-16）。

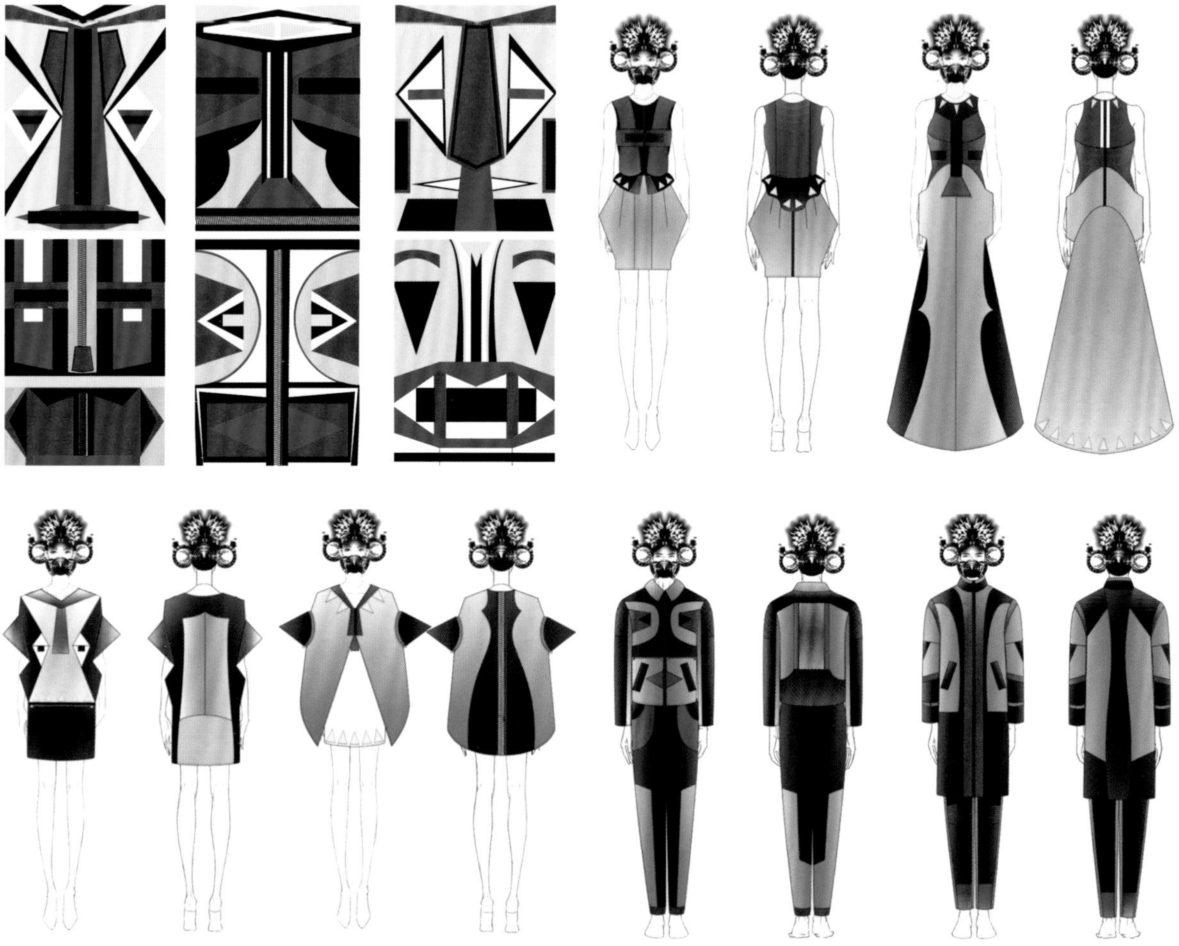

图案设计以现代艺术和包豪斯建筑为灵感，借用简洁利落的建筑线条、趣味的几何脸型表情，搭配跳跃的鲜明色彩，运用拼接、拼贴、印花等工艺和不同面料材质的对比，来传达调皮、玩味、童趣的潮流概念。

图 3-16　聂诗雨作品

整个系列充斥着非常规解构的廓型、鲜明的撞色，融合了街头风且干净利落，展现了极具未来感的几何运动风潮。

三、服装面料创意

服装面料的创意主要体现在对面料外观的再设计上。在创意过程中，这些方法可以根据设计构思来综合运用，将创意发挥到极致。

面料的创意主要来自于面料的二次设计，也称之为面料再造。面料再造的方法有很多，主要分为三大类，即面料的增型设计、面料的减型设计和面料的综合设计（图3-17~图3-19）。

图 3-17　面料的增型设计

面料的增型设计：对面料进行黏合、压烫、车缝、贴、绣等工艺手段，配合珠片、绳带、铆钉等装饰品，形成面料丰富的立体效果。

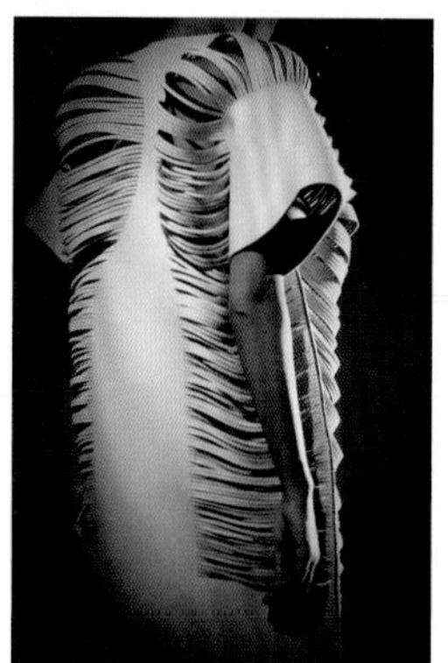

图 3-18　面料的减型设计

面料的减型设计：主要是对面料进行破坏，如镂空、烂花、烧花、剪切、撕裂等。

图 3-19　面料的综合设计

面料的综合设计：通过系扎、钩编、折叠、印染、手绘、扎染、蜡染、数码喷绘等方法寻找面料创意更多的可能性。

四、服装工艺创意

一般来讲，服装工艺的手法主要有缝制、刺绣、镶嵌、盘花、手绘、折叠、堆花、补花、镂空、编织、印花等，这些工艺可巧妙地与面料结合在一起，形成风格多元的设计艺术（图 3-20）。

图 3-20 服装设计中丰富的工艺手法

在服装高级定制中，服装工艺显得尤为重要，它是体现服装品质的核心要素之一，其中包含了大量精致的手工，细节设计独到，精工细作成就了服装的艺术品质（图 3-21）。

图 3-21　高级定制中通常包含着大量的手工技艺

五、服装配饰创意

服装配饰主要包括帽饰、鞋靴、首饰、包袋等装饰品及附属品。在创意设计过程中，配饰的创意对服装整体风格和形象起着重要的强化作用（图3-22）。

图3-22　配饰创意设计

4 第四章 从创意到成衣的过程转化

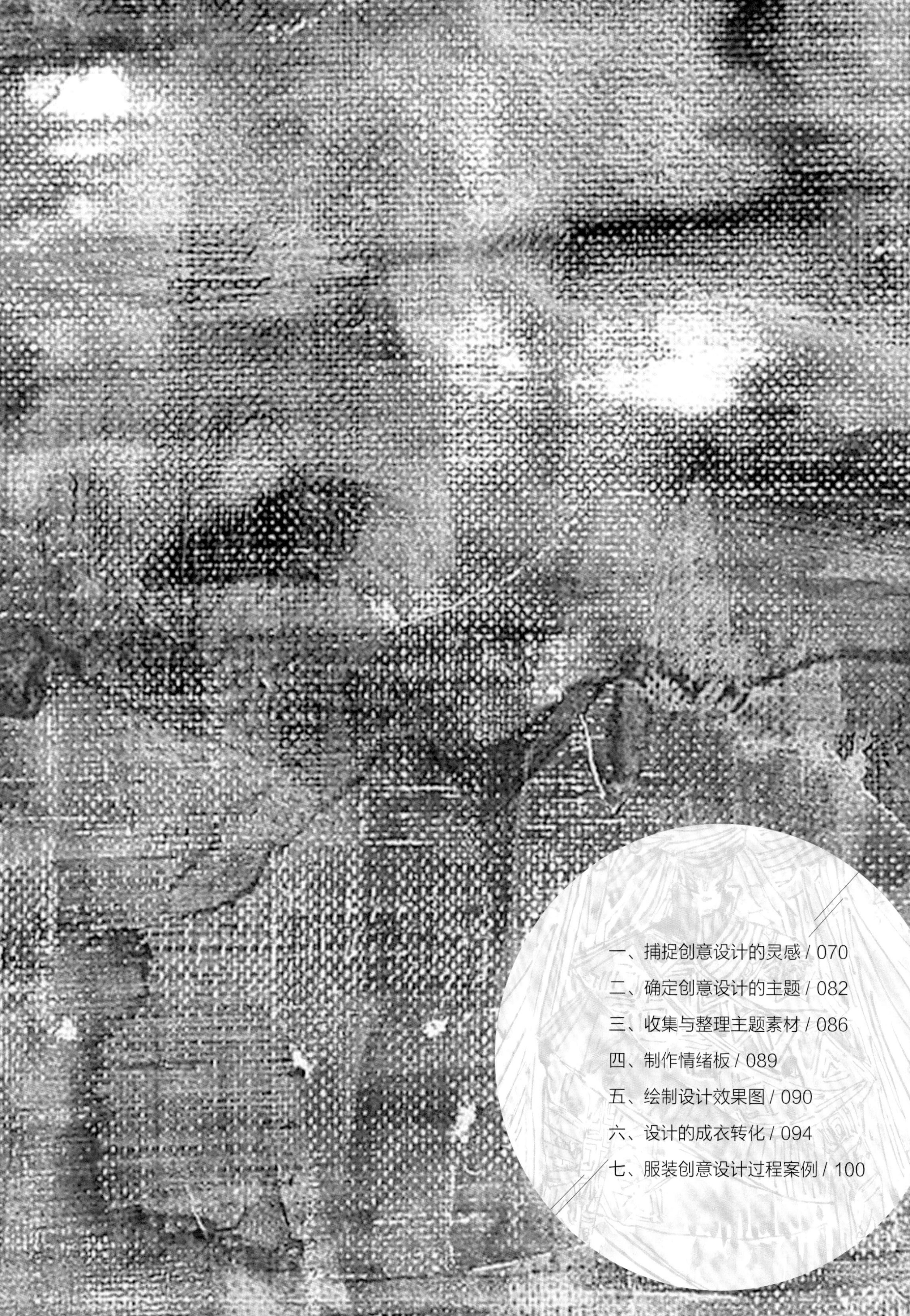

从创意到成衣是一个有序但是又充满设计变数的过程。具体来说，它是设计师将生活中得来的诸多表象素材作为材料，围绕一定的主题倾向进行艺术构思，从而获得最初的艺术意象，当最佳想法从诸多想法中脱颖而出时，便对这一最佳想法付诸设计实践，从构建创意思维到实施设计行动的过程就是从创意到成衣的转化过程。创意思维的构建包括捕捉创意设计的灵感、确定创意设计的主题，这一过程体现出了情感性、艺术性，是设计行动的线索和脉络；设计行动包括了收集与整理主题素材、制作情绪板、绘制设计效果图、设计的成衣转化等，这一过程是从思维到形象的升级过程，是设计行动的具体体现（图 4-1）。

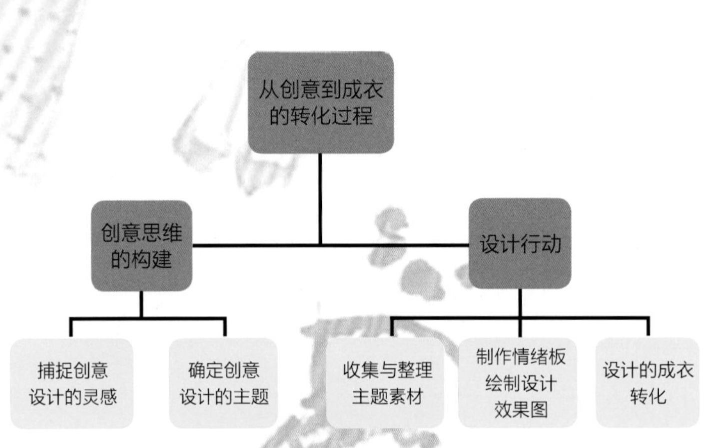

图 4-1 服装创意设计流程

一、捕捉创意设计的灵感

服装设计的核心是创意，而创意的产生与灵感息息相关。灵感的产生有很多途径与方法，但始终离不开设计师的冥思苦想、长期寻觅和艰难探索，下面介绍了几种获取灵感的途径与方法。

1. 设计师要善于观察自然、感悟生活

优秀的服装设计师应当细心观察大自然中的动植物，它们可能经过设计师的想象、联想和创造而成为设计的素材。俄罗斯艺术家莉莉娅·胡迪娅科娃（Liliya Hudyakova）通过收集大量的服装设计作品和大自然照片，并将它们对接在一起，有力地向大家证明了大自然是设计师最好的灵感源泉（图 4-2）。

图 4-2　大自然是设计师最好的灵感源泉

众多的设计师都有以蝴蝶为灵感的作品，只是同一种灵感源，或是钟情于形，或是钟情于色，或是二者兼备，呈现出迥异的风格。图 4-3 所示的这组设计正是取材于蝴蝶的造型和斑驳的色彩，通过蝴蝶与服装造型形态之间的相似性的转化，塑造出了一系列优雅的轮廓。

图 4-3　以蝴蝶为灵感的设计

荷兰女设计师艾里斯·范·荷本以水为灵感，并借助 3D 打印技术，用透明材质制作出了“水花飞溅”效果的礼服（图 4-4）。

图 4-4　艾里斯·范·荷本作品

2. 设计师要广泛了解不同民族的文化

设计师要认真研究不同民族、不同地域、不同时期的文化和习俗，特别是民族服饰文化，这些不仅开拓设计师的文化视野，也可以增强自身的审美趣味，启发设计灵感。

来自比利时北部安特卫普的德赖斯·范诺顿（Dries Van Noten）是一位才华横溢的设计师，他的灵感丰富，怀旧、民俗、色彩与层次感是他显著的设计风格（图 4-5）。

图 4-5　德赖斯·范诺顿 2012 秋冬高级成衣发布

灵感源自 19 世纪后期（晚清）的对襟坎肩、开衩和门襟处的如意头纹样。设计师将服装放平，对纹样进行拍照，用切碎的方式通过数码印花技术印到织物上，传统的东方风格元素在德赖斯·范诺顿的演绎下焕发出别样的时尚风采。

香奈儿（Chanel）2014/2015“巴黎—萨尔茨堡”高级手工坊系列色调缤纷多姿，运用香奈儿标志性的白、红、海军蓝及黑色，同时融入鸽灰和森林绿等来自阿尔卑斯山的自然色调，设计师别出心裁地诠释了来自阿尔卑斯山区的少女收腰裙装、巴伐利亚的男装皮质短裤以及其他多种元素，为奥地利的传统风格赋予了优雅摩登的魅力（图4–6）。

巴伐利亚地区传统民族服饰

香奈儿 2014/2015“巴黎—萨尔茨堡”高级手工坊系列

图 4-6　设计师运用民族文化元素设计的服装系列

3. 向大师学习

设计是一种创造，但不是发明，前无古人后无来者的设计是不存在的。设计师要学会借鉴和学习其他优秀设计师的成功之作，这是一种最行之有效的提升自我的好方法。任何门类的优秀作品都有着形和神高度和谐的表现形式，设计师通过对设计大师作品的解构和分析，可以更清晰地了解他们的灵感来源、素材收集以及作品中的各种元素的搭配关系，从而进一步清晰自己创意设计的脉络，丰富自己的设计方法论。例如，被世界公认的当代最杰出设计师之一的约翰·加利亚诺（John Galliano），他敢于颠覆所有庸俗和陈规的设计，是一位“无可救药的浪漫主义大师”。纵观约翰·加利亚诺的历年作品，无论是早期具有歌剧特点的设计，还是满载怀旧情愫的斜裁技术，或是野性十足的重金属朋克，以及断裂褴褛式黑色装束中肆意宣泄的后现代激情，这些服装不再是单纯的服装，而是充满了灵魂的艺术品（图 4-7）。

图 4-7　约翰·加利亚诺作品

约翰·加利亚诺的作品具有张力与爆发感，且自由穿梭于野性、朋克、浪漫等各种风格中，信手拈来，值得我们研究解读。

4. 设计师要广泛涉猎各种艺术门类

艺术是相通的，没有边界，戏剧、电影、雕塑、建筑、音乐、绘画以及摄影等艺术形式都能够让服装设计师开拓艺术的视野，产生更广阔的创意视角。著名服装设计大师克里斯汀·迪奥（Christian Dior）先生从小就非常喜欢巴伯罗·毕加索（Pablo Picasso）、亨利·马蒂斯（Henri Matisses）等大师的作品，养成了他对艺术和设计的极好品位。1947 年，他推出的新风貌（New Look），急速收起的腰身凸显出与胸部曲线的对比，长及小腿的裙子，柔和精巧的肩线，正是借鉴了建筑的结构和线条，重建了战后女性的美感，树立了整个 20 世纪 50 年代的高尚优雅品位，深深烙印在女性的心中及 20 世纪的时尚史上（图 4–8）。

图 4–8　克里斯汀·迪奥设计的新风貌

著名服装设计大师克里斯汀·迪奥 1947 年推出的“新风貌”重塑了女性轮廓，柔和的肩线，纤瘦的袖型，以束腰构架出的细腰，营造出极其优雅和纤美的女性气息，这些大胆的设计线条正是借鉴了建筑艺术。

比利时设计师拉夫·西蒙（Raf Simons）是一位简约主义者，他的设计强调服装的感情色彩，充满了鲜明的建构感和极简主义风格，最擅长的就是利落的单线条运用。在迪奥2012秋冬高级定制中，其将迪奥优雅的品牌传统与极简的个人风格相结合，赋予了迪奥全新的风貌（图4–9）。

图 4-9　拉夫·西蒙作品

拉夫·西蒙的迪奥高级定制系列设计，简约又彰显着迪奥品牌的精髓。

二、确定创意设计的主题

服装创意设计根据引发创作的动机不同，可以分为偶发型设计和目标型设计两种类型。偶发型设计是指设计师之前并没有确定的想法，而是受到某类事物的启发，突发灵感而进行的设计创作；目标型设计是指设计师之前已经制定出明确的目标和方向的设计，如国内外的服装设计大赛，它规定了明确的设计表现主题，限定了设计方向，就属于目标型设计。

无论是偶发型设计还是目标型设计，服装设计师都要针对设计对象或设计要求，在调动自己的知识积累和实践经验的前提下，初步确立一个或几个主题，再通过设计脉络的梳理确定最终的主题。

设计师在接触任何相关题材时都可能会产生创作的冲动，并通过一系列题材的联想和筛选确定表现的主题。一般来说，在设计时先选取题材即选择表现什么，然后确定主题即如何表现。偶发型设计主题确定流程（图 4-10）：

图 4-10　偶发型设计主题确定流程

1. 偶发型设计主题的确定

设计师马可的品牌“无用”在中国设计师品牌中可算是一枝独秀，不追求时尚和潮流，只跟随设计师的内心。她的作品通常都承载着太多的文化内涵和深远的精神境界，诉说着服装表象之外的艺术哲学和美学态度（图4-11）。

图 4-11　2007 年 2 月在巴黎展出的“无用”系列

马可的“无用”系列展览主题为土地。土地是生命的源头和灵魂的终极归宿。设计师以土地为主题，采用泥土的色彩，面料通过暴晒、水煮等手法形成了丰富的肌理和质感，传统的刺绣手工艺呈现出雕塑般的立体感，整个系列凝重而富有深刻的文化内涵。

2. 目标型设计主题的确定

目标型设计的创意主题一般来源于具有针对性的创意设计或设计大赛，设计师要在给定的题材范围内选定自己的设计思路，确定设计主题。这类主题的确定相对而言具有较强的方向性，但往往也只是有一个大体的指向和限度，设计师可以沿着这个方向充分发挥想象力。这就要求设计师对设计目标进行分析和研究，迅速识别和排除干扰因素，以达到缩小或划定较为具体的设计范围的目的，从而使自己的思维变得清晰和明确。目标型设计主题确定流程（图 4-12）：

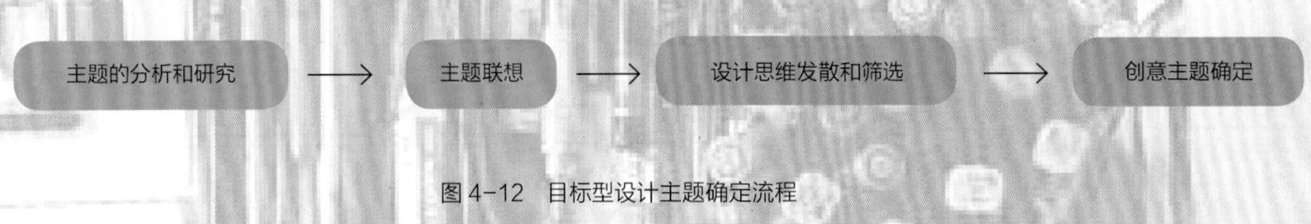

图 4-12　目标型设计主题确定流程

“汉帛奖”第 18 届中国国际青年设计师时装作品大赛的主题是“城市，让生活更美好——时尚家庭之旅”。这是一个目标型的设计主题，主题概念非常明确，设计师可以从城市、人与自然、文化传统与当代生活等多个角度展开创意（图 4-13）。

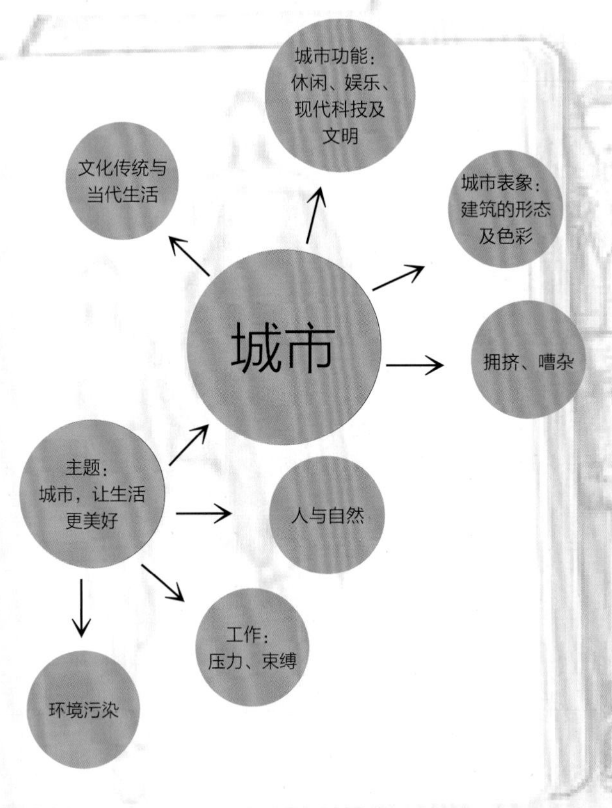

“汉帛奖”第 18 届中国国际青年设计师时装作品大赛的主题“城市，让生活更美好”分析

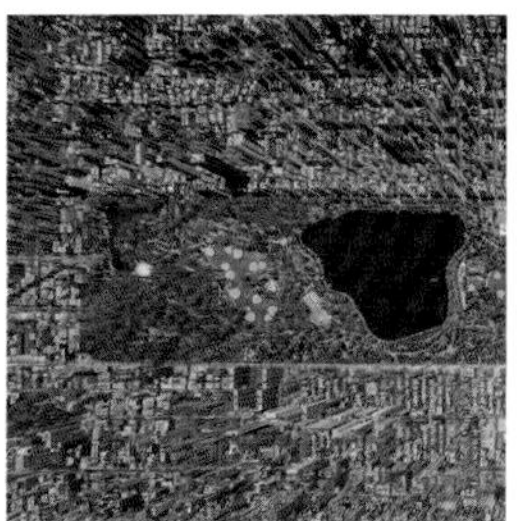

设计师对城市建筑、城市色彩等素材的利用

在具有包裹感的造型中联想到城市带给人们美好生活的同时也给人们带来了一定的束缚和压力，
设计师用辩证的思维和对比的设计手法表达了自己对城市的态度

服装层叠的肌理设计令人联想到城市建筑的廓型和密集的影像，灰色及蓝色的运用联想到城市和天空的色彩。

图 4-13 目标型设计主题——成衣流程图
以玛丽亚·艾曼纽（Maria Emmanuel）金奖作品《城市，让生活更美好》为例。

三、收集与整理主题素材

无论是偶发型设计还是目标型设计，都需要在设计之前收集相关的设计素材。对于偶发型设计而言，最初的设计主题可能来自不经意间的发现，或者某一瞬间的想法，然而真正进入设计创作阶段后，仍需要寻找大量与主题相关的设计素材来拓宽设计思路。对于目标型设计，即使有既定的思路，收集、整理与之有关的素材资料更是不可或缺的，这是获得设计构思的必要手段。

收集、整理与主题相关的素材是指深入挖掘与该要点相关的素材，从与之相关的素材中选取最富有情趣、最能激发创作热情的元素进行构思，使设计梗概逐渐形成细化，让灵感的切入点明朗化、题材形象化，让抽象的设计概念转化为具象的、可感知的形象，使服装的创意设计思路逐渐向具体的设计语言靠拢。

图 4-14 所示为以野生动物保护为主题的案例来阐述从主题到素材收集和整理的过程。

图 4-14　环保系列主题相关素材的收集和整理

野生动物保护是一个国际性的话题，是人类共同关注的主题。这个野保系列主题的设计就是通过服装设计中的野生动物元素，让更多的人意识到野生动物保护是每个人应尽的义务和责任。因此，非洲大草原、野生动物、非法猎杀等都是可以深入挖掘的主题相关元素。

在野保设计系列中，设计者从非洲野生动物的形象、外形、轮廓、纹样中获取了丰富的设计灵感，如斑马纹、豹纹、虎纹、狮子纹；大象和猫头鹰头部造型的仿生设计；鸟类缤纷的色彩等。礼仪服设计表现了神奇浪漫的非洲丛林大地的神韵和野生动物的生命形态、可爱的天趣 (图 4-15)。

系列 1

系列 2

图 4-15　梁明玉及其设计团队的创意作品——礼仪服系列

野生动物保护区工作人员的服装系列主要体现功能性，以户外迷彩服为主，既能够更好地融入野生动物的生长环境，又能与大自然和谐相处（图 4-16）。

图 4-16　梁明玉创意作品——工作服系列

这是设计师梁明玉为非洲马拉野生动物保护基金（Mara Conservation Fund）的野生动物保护区工作人员设计的工作服。

四、制作情绪板

情绪板也称概念板、氛围板，是以一种比较生动的表达形式说明设计的总概念。它能帮助我们对收集到的素材进行选择，将头脑中模糊的设计理念以清晰的视觉形式体现出来。

制作情绪板就是将收集到的各种与主题相关的图片，对它们进行研究、筛选和分类，再把这些选好的素材图片拼贴在一起。情绪板也可以细分为主题情绪板、服装造型情绪板、服装色彩情绪板、服装材料情绪板等，其中服装造型情绪板、服装色彩情绪板、服装材料情绪板是在主题情绪板的引导下反映在服装设计上的具体倾向，是主题进一步形象化的过程，所以在操作过程中所有的情绪板都必须以主题情绪板为核心（图4-17）。

Mood Board

Experimental Creation

图 4-17　情绪板

五、绘制设计效果图

绘制设计效果图是一个将灵感具体化的过程，也是设计思维的深化过程。在这个过程中，设计师要根据所制作的各种情绪板，通过服装设计基本原理和方法，将抽象或具象的设计形态进行组合，将逐渐清晰化的设计灵感落实到具体的服装款式、色彩、面料及工艺的设计中，是创意设计完成的初始形态，也是最重要的过渡过程（图 4-18、图 4-19）。

另外在定稿过程中，为了保证成衣和设计效果一致，设计师可以把设计的服装形象，从结构工艺的角度在头脑中“制作”一遍，或者制作某些细节或面料的实物小样，以此来验证设计的可行性和合理性，这样构思便不至于偏离服装的本质。

《黑白·格》

图 4-18　设计效果图

1.25.08

图4-19　梁明玉作品

以少数民族服饰为灵感的舞台装设计，提取了我国西南少数民族服饰中常见的牛角造型、线元素及鲜明的色彩和夸张的配饰，体量感强，层次丰富，舞台造型醒目突出。

六、设计的成衣转化

设计的成衣转化是设计从效果图转变为服装成衣的过程，是考验设计师协调处理设计及制作中各种元素的能力和水平，包括服装面辅料的选择、结构制板及工艺设计、成衣制作与调整等几个环节，图 4-20 所示以彭勇瑞、文志雄同学的设计作品 *Black Or White* 为例谈设计的成衣转化过程。该作品为第 24 届中国真维斯杯休闲装设计大赛参赛作品，大赛设计主题为新设汇。

设计主题——新设汇：

汇聚设计新生力量，指引青春潮流方向；

画笔张扬，喷薄个性色彩，肆意裁剪，风尚一触即发；

打破次元壁，设计想象任意发散，冲击旧势力，描绘未来无限可能；

用你的特立独行演绎时代潮流，让你的天马行空绽放设计舞台；

2015，向未来，放肆梦，创造——新·设汇！

设计师以该主题为线索，通过思维发散，灵感取自原始的黑白打字机，并将打字的这种动作和针刺羊毛毡工艺联想起来，就像打字机键盘的敲打，将字母拓印在白纸上，羊毛通过针刺的工艺可以将斑驳的色彩和不同的质感赋予服装面料，材质和针刺手法的变幻就像肆意的画笔可以随心所欲的变化，亦可天马行空。

图 4-20　彭勇瑞、文志雄作品 *Black Or White* 设计效果图

在设计的成衣转化过程中，首先是对服装面辅料选择，面料强调肌理的对比和色彩的微妙变化，而为了增加肌理和色彩的丰富度，并呼应针刺羊毛毡的质感，设计师选用了羊毛线、毛呢和羊毛纤维等面辅料；在结构设计上采用了平面裁剪和立体裁剪相结合的方法；工艺上采用了手工针织、针刺羊毛毡和特殊花式线迹设计等（图 4-21）。

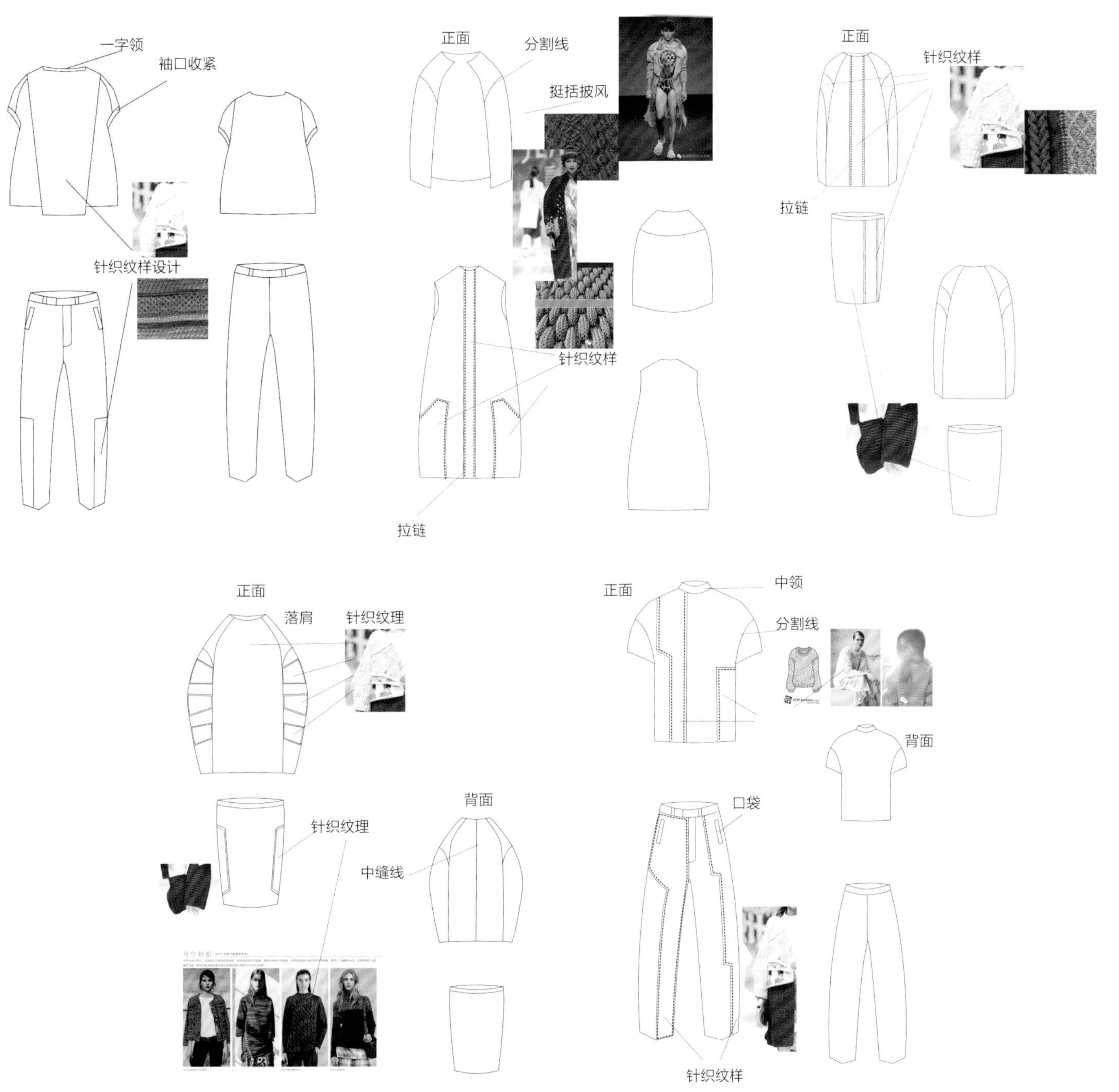

图 4-21　款式分解及工艺导向图

在服装的制作过程中，先完成衣片的肌理和针刺羊毛毡工艺，再将衣片缝合起来，通过试穿和调整，最终完成成衣（图 4-22、图 4-23）。

灰色的层次设计：黑灰色毛线的混合编织；灰色毛线编织，配合编织手法变化；深灰色针刺羊毛毡工艺，将羊毛纤维通过针刺工艺嵌入毛线的编织肌理中，针法的疏密变化带来深灰色的奇妙变化

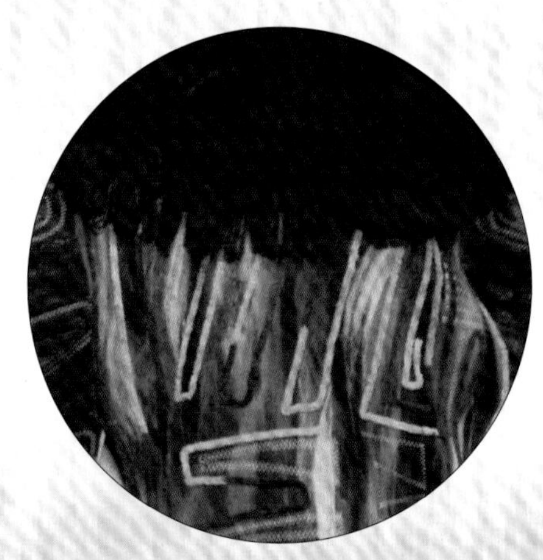

针织的粗糙与毛呢的柔软丰满感形成了肌理对比，羊毛纤维和针刺工艺将不同的色彩柔和过渡在一起

线条设计和花式线迹设计进一步增加设计的层次感

成衣试穿和调整

图 4-22　服装的制作过程

图 4-23　服装秀场展示

该系列以丰富的肌理层次和色彩的变化荣获了第 24 届真维斯杯休闲装设计大赛西部赛区第二名。

七、服装创意设计过程案例

通过本章的讲解，我们了解了服装创意设计的过程及过程中每个环节的具体工作和任务，但这些在我们的脑海中仍可能是碎片化的状态，下面我们以曾煜祺同学的作品为例，看看创意设计的思维和过程是如何通过文案的形式完整地表达出来。

设计师的灵感来源于白桦树干以及散落在树干上的斑驳的结节，并试图将这些结节和手绘的人类的眼睛结合起来，以唤起人类对树木的关爱。设计师以树木为载体，表达了人与自然之间的爱（图4-24）。

白桦树的树干笔直并有散落的结节和斑驳的树皮，设计师由这些结节联想到人的眼睛和眼神，通过手绘的眼神把对树木生命的敬畏及保护联系在一起，并以纸和颜料为载体，采用面料设计的方法制作了一些肌理，发散设计思维（图4-25）。

图4-24 设计灵感

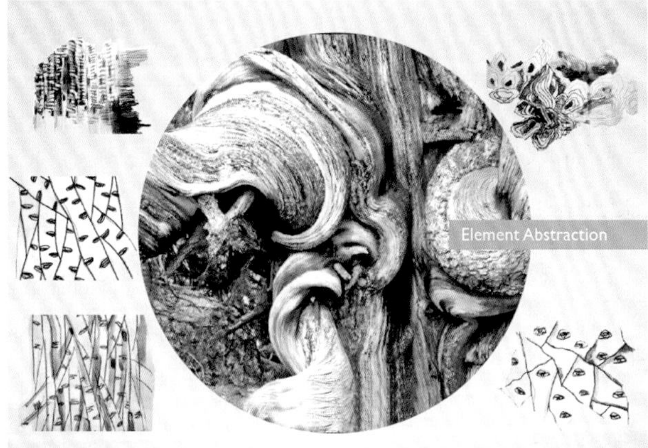

Experimental Creation

Materials for experimental creation: the trees picture on parchment paper.

I use lighter to burn the parchment paper.then use knife to cut out a human face, collage different tree pictures and spray water on it to render a wetted effect so as to create a miserable sign of deforestation or flooding.

Materials for experimental creation: toilet-rolls

I soak toilet-rolls into water and tap them until they become very soft and then spray color, collage a crying and sad human face to blend with the tree picture on the front side, attempting to express that human being hopes all the more to be in harmony with nature, because trees are as precious as human's life, it has life and spirituality and is a spiritual sustenance of human.

图 4-25　情绪板

设计的探索阶段，也是体现设计灵感从生发到服装产品设计的过程，设计师提取了白桦树以及由白桦树联想到的相关元素，绘制设计初稿（图 4-26）。

图 4-26　细节灵感及设计草图

设计的整理阶段，从款式、色彩、面料、工艺及配饰等各方面协调设计，从整体到局部，再从局部到整体，重点突出，主题明确，呼吁人与自然之间和谐的设计理念（图 4-27~ 图 4-29）。

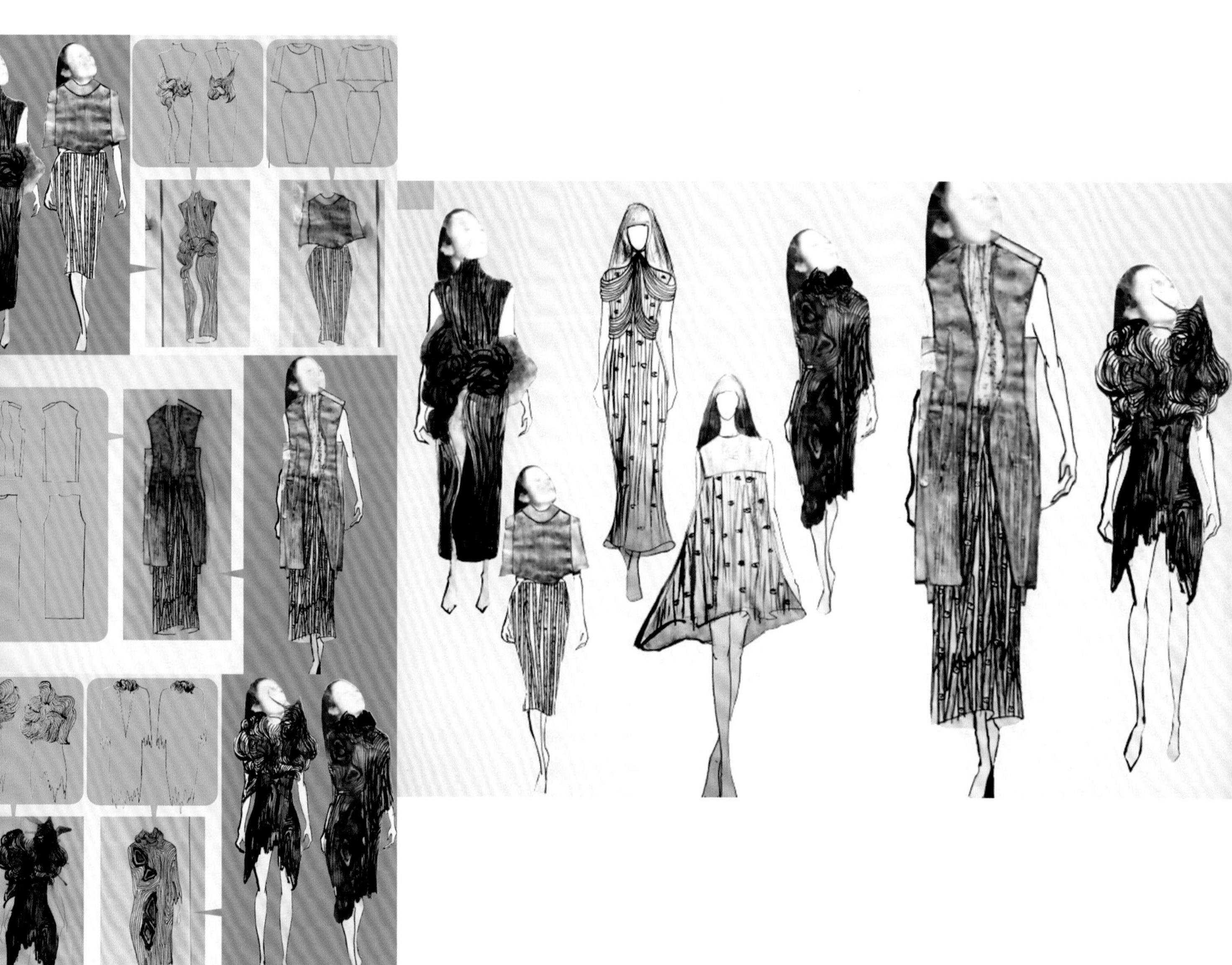

图 4-27　最终设计效果图

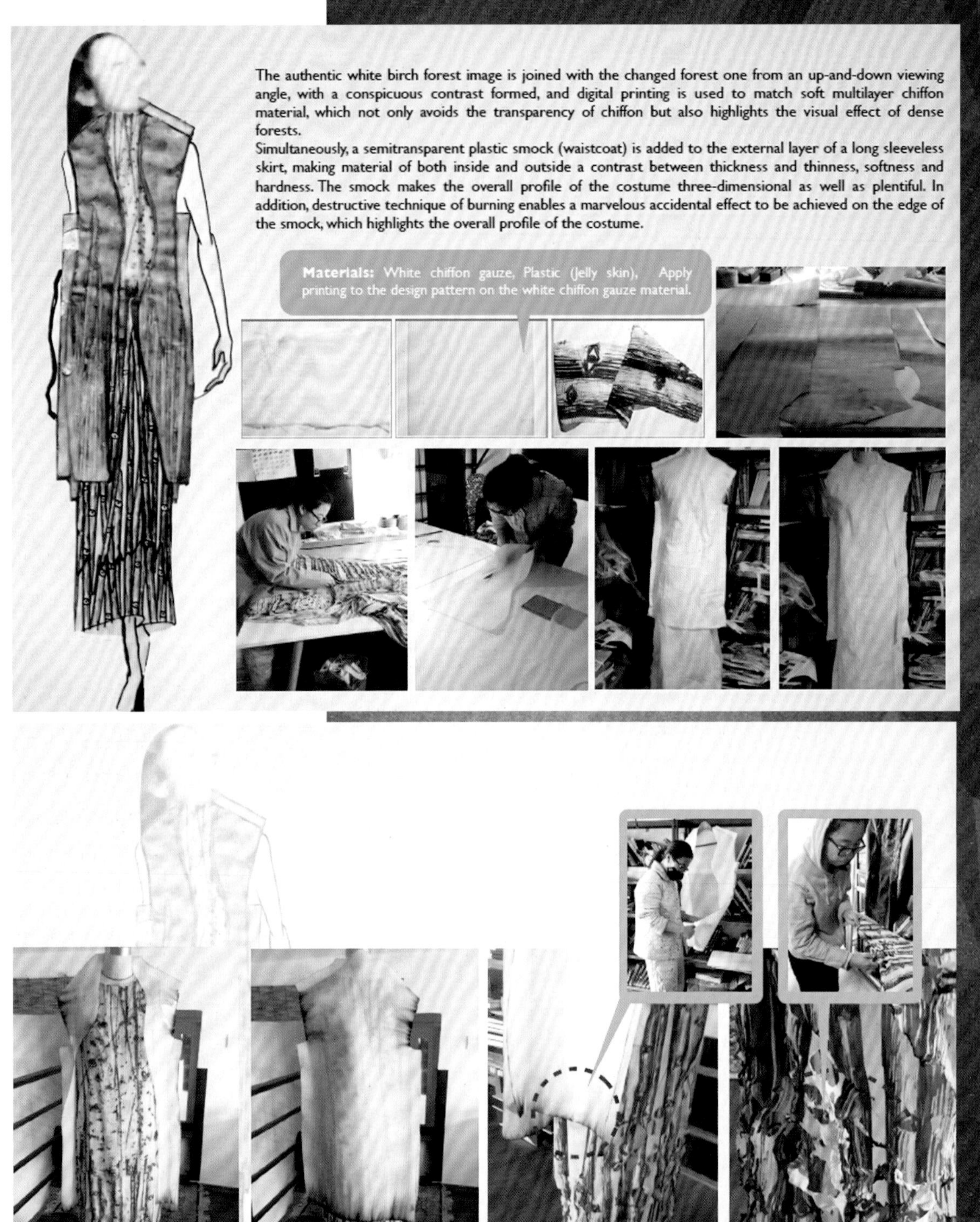

图 4-28　服装的制作过程

Equipment Introduct

图 4-29　服装展示

第五章 从创意到成衣案例分析

一、偶发型设计主题系列

1. 创意设计的过程

绝艳无色的主题灵感由来已久，是笔者在多年的设计经历中对中国艺术境界和中国艺术独特表现语言的感悟。笔者一直想找到一种服装形态，既能表现复杂多变的大千万象，又能统归于一种朴素简单的艺术语境。复杂多变的大千万象可以用各种形式的服装语言来呈现，如复杂的款式造型、丰富的面料肌理或绚丽的配色等，但这都流于常规和传统，是表象上呈现出的万象，如果在这一概念上无法突破，那么创意难免又落入俗套（图 5-1）。

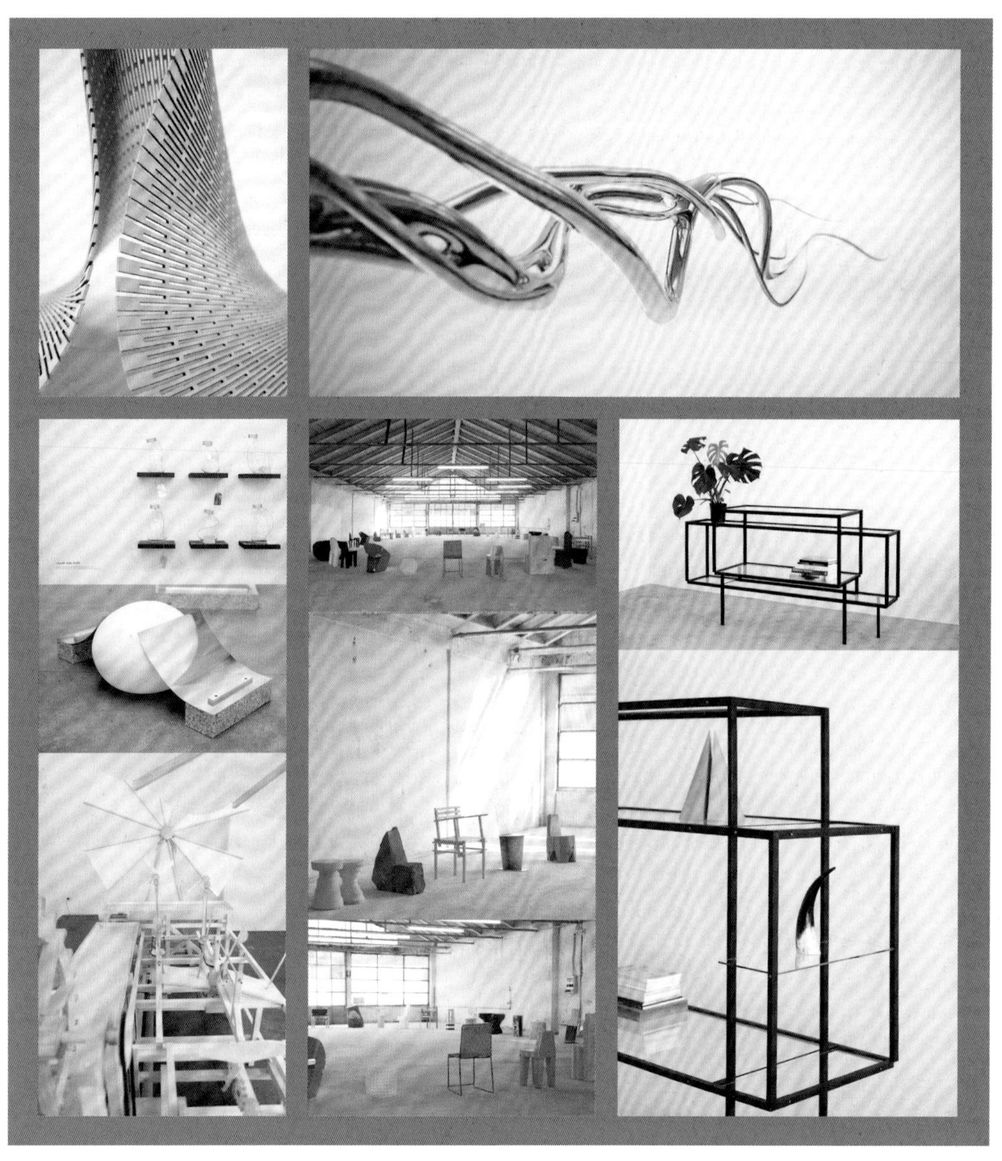

图 5-1　主题概念板

真水无香、绝艳无色，这是中国美学至高至深的道理。绝艳无色是指众多的色彩归于无色，就像光谱中的七色归于无色的白光，这并不是否定色彩，而是注重色彩的精神性。老庄哲学强调“最美丽的事物归于单纯”，因此，笔者从逆向思维出发，将艳字归结为白色，将白色作为整个系列的主题色（图 5-2）。

图 5-2 色彩概念板

如何将复杂多变的大千万象归结于一种朴素的语言，笔者联想到针织工艺，一根钩针一根线可以塑造无所不能的形态，可以是雕琢精细的局部，也可以是建构宏伟的整体。针织设计的手段是至宏极微、以小见大、沟通心物的神功。这种艺术手段与中国艺术精神哲学渊源高度融合、一脉相承，其高明之处在于把无边无际的世界、无影无踪的精神与现实世界的一个点一根线联系起来，这个“一”可以获取无限的艺术表现自由。从这一点来讲，针织的工艺和手法恰恰能承载笔者的创意和想表达的精神（图 5-3）。

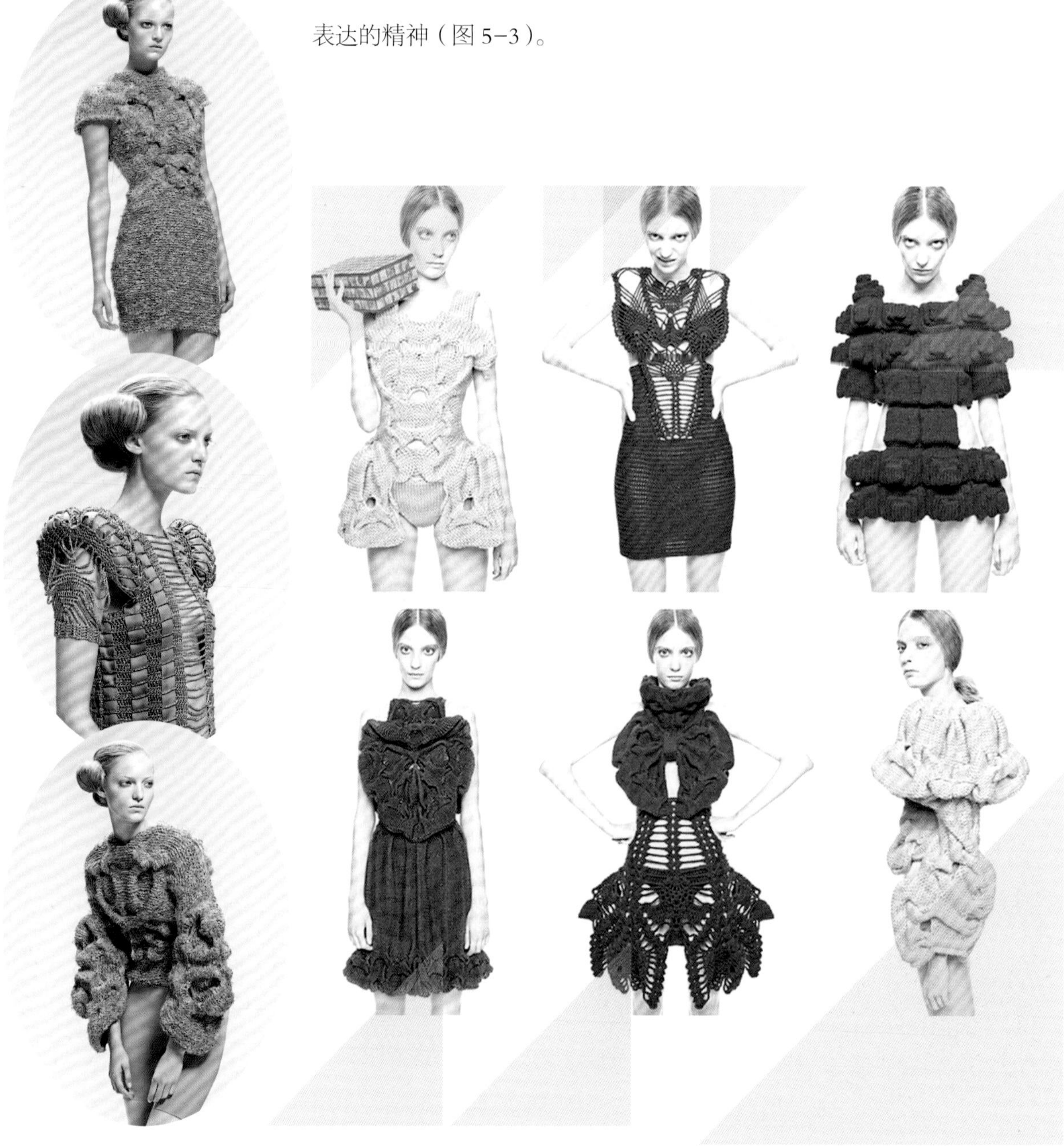

图 5-3　针织材料及工艺概念板

笔者收集了大量西南民间的元素，如巴渝文化中的纤绳、背篓等民间器物，贵州少数民族的银饰、牛角、斗篷、笆斗等服饰元素，同时也收集了西夏时期的传统服装和古代武士的盔甲、战袍等资料。而这些文化所传达出的符号既有文化性的内涵又有具象的结构和造型，将这些元素巧妙的转化为服装造型的点、线、面、体等元素，便构成服装具体的设计语言（图 5-4）。

图 5-4　服装造型概念板

在整体的系列服装设计中，单纯化的针织工艺容易给人造成视觉疲劳，因此要尽量表现服装款式的变化。有的款式体量大，结构复杂；有的款式则简单明了，结构单纯，如此组合起来就会有起伏有致的旋律和节奏（图5-5）。

图 5-5　绘制设计稿

2. 样衣制作

（1）在款式方面，借鉴民间元素的造型，结合针织的工艺、针法的纵横疏密变化，力求表现造型的多样化。

（2）在色彩方面，虽然大色调是单纯的白色，但是色彩很饱满，衣服表面钉缝了大量幻彩闪光的装饰扣，通过灯光的变化，体现出绚丽斑斓的色彩，幻如翡翠、宝石。

（3）在工艺方面，采用针织工艺，通过疏密、粗细、大小等的对比，包括钩、编织、挑、钉珠等众多工艺针法的搭配使用，形成格式多样的针织图案。

（4）在材质方面，针织面料与机织面料交叉运用，形成了各种丰富的肌理效果，虚实相生，质感层次丰富，整理疏密有致、节奏分明。样衣制作过程如图 5-6 所示，最终服装展示如图 5-7 所示。

图 5-6　样衣制作过程

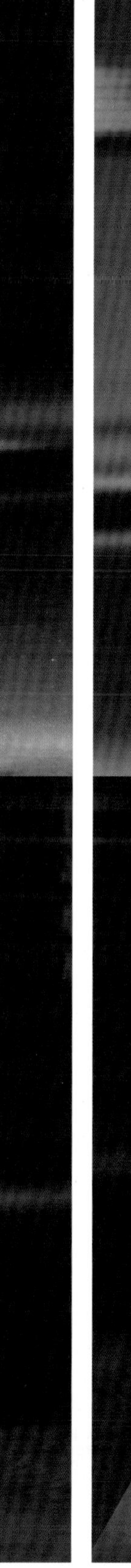

图 5-7　最终服装动态展示

二、目标型设计主题系列

1. 创意设计过程

2005年，亚太城市市长峰会（APCS）在重庆举行，亚洲各国120位市长云集重庆。这个城市首次召开如此高端的大型国际会议，政府决定给市长们穿上本土特色的贵宾服装并委托笔者设计贵宾礼服。2001年上海APEC峰会上，20位国家领导人穿着大红色和宝蓝色的中式对襟唐装集体亮相惊艳世人，并以此方式将中国民族文化推向全球，受其启发，笔者希望此次峰会的服装设计不但要体现中国民族特色和重庆地域文化特色，也要尽可能体现创意和创新。

在收集资料、寻找灵感的过程中，笔者发现汉族传统服饰比较平淡，不足以代表有众多民族的重庆地域文化；同时也注意到土家族作为重庆古老的民族曾在这块土地上有着辉煌壮丽的伟绩，而且土家族服装视觉特征明显，所以决定以土家族服装作为创意设计的蓝本（图5-8）。

土家族图腾图案

土家织锦是土家族保留最完整的一种原始纺织工艺品，在土家语中称之为“西兰卡普”，意思为土花铺盖。西兰卡普以丝、棉、麻为原料，以红、蓝、黑作为织锦经线的棉线颜色，纬线则由织者自己决定，各种颜色均可，可制造出丰富的图案。西兰卡普无论在工艺上还是纹样上都融入了各民族的先进文化因素，弘扬了中华民族多元化的民族特征。

图5-8　主题概念板

在广泛查阅土家族相关历史民俗资源时，笔者找到一种螺旋型图案，而且在各地域、各民族的文化遗迹，如建筑装饰、陶器、瓷器、青铜器上，都发现有形式各异但取向相似的此种螺旋型图案，同时在大自然中也广泛存在。最令人惊奇的是，这种非常完美、寓意丰富的螺旋型图案为世界各民族所共有，在象征意义上正好与此次国际会议的主题"城市·人·自然"相扣。螺旋纹神秘而圆和，给人以动感，在视觉上呈旋转上升之状，以此为形象依托，将之升华为一种精神性符号，寓意着当今世界祥和、发展的新局势。这一具有世界性和巴渝特色的通用符号，给人以亲切感，充分展现出世界的、中国的、巴渝式的浪漫风情，蕴藏着五大洲、四大洋以及重庆人对山水的依恋（图 5-9）。

图 5-9　图案概念板

各种陶器、建筑，包括宇宙等世界性的图案元素——螺旋纹。

色彩确定为以普蓝、中国红、乳白色为主色，宝石绿、孔雀蓝为配色的多色彩系列。普蓝是西南及巴渝地区百姓布衣的广泛用色，中国红是中国传统文化的主流色彩，乳白色象征的是纯洁、真诚、信任。色彩的多样尽显重庆人浪漫、豪爽、好客的多姿人文风情，更是一份赠送给峰会市长的珍贵礼物(图5-10)。

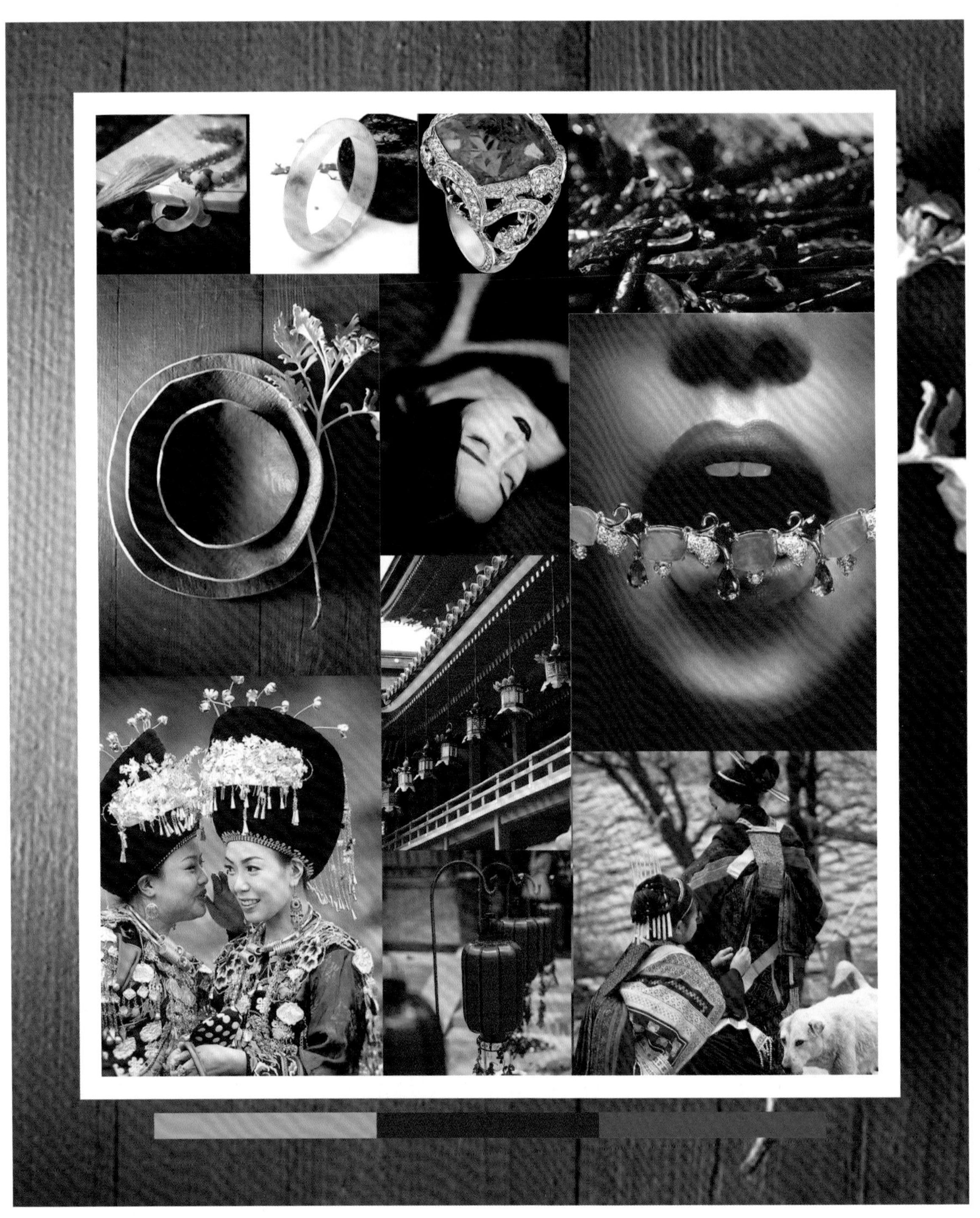

图5-10　色彩概念板

服装结构以土家族传统服装形态结构为基础，借鉴汉代服饰款式，显得宽松、端庄、大气（图 5-11）。

图 5-11　款式及造型概念板

在服装款式设计中，领子设计为中国式立领，专门设计有一道道褶皱，象征着山城重庆随处可见的梯坎，表现出重庆的地域特色，蕴涵着山城人民吃苦耐劳的精神；在服装门襟处绣有两组针法呈波浪形的对称颗颗针，远看似中国篆书中的山和水，将重庆的山水意象融入其中。在下摆开衩处亦绣有两排颗颗针，寓意着穿越重庆的两江，同时两排三角针的独特设计，象征的是重庆连绵的山脉。通过局部的精心安排，尽显巴渝盛装的本土特色（图5-12）。

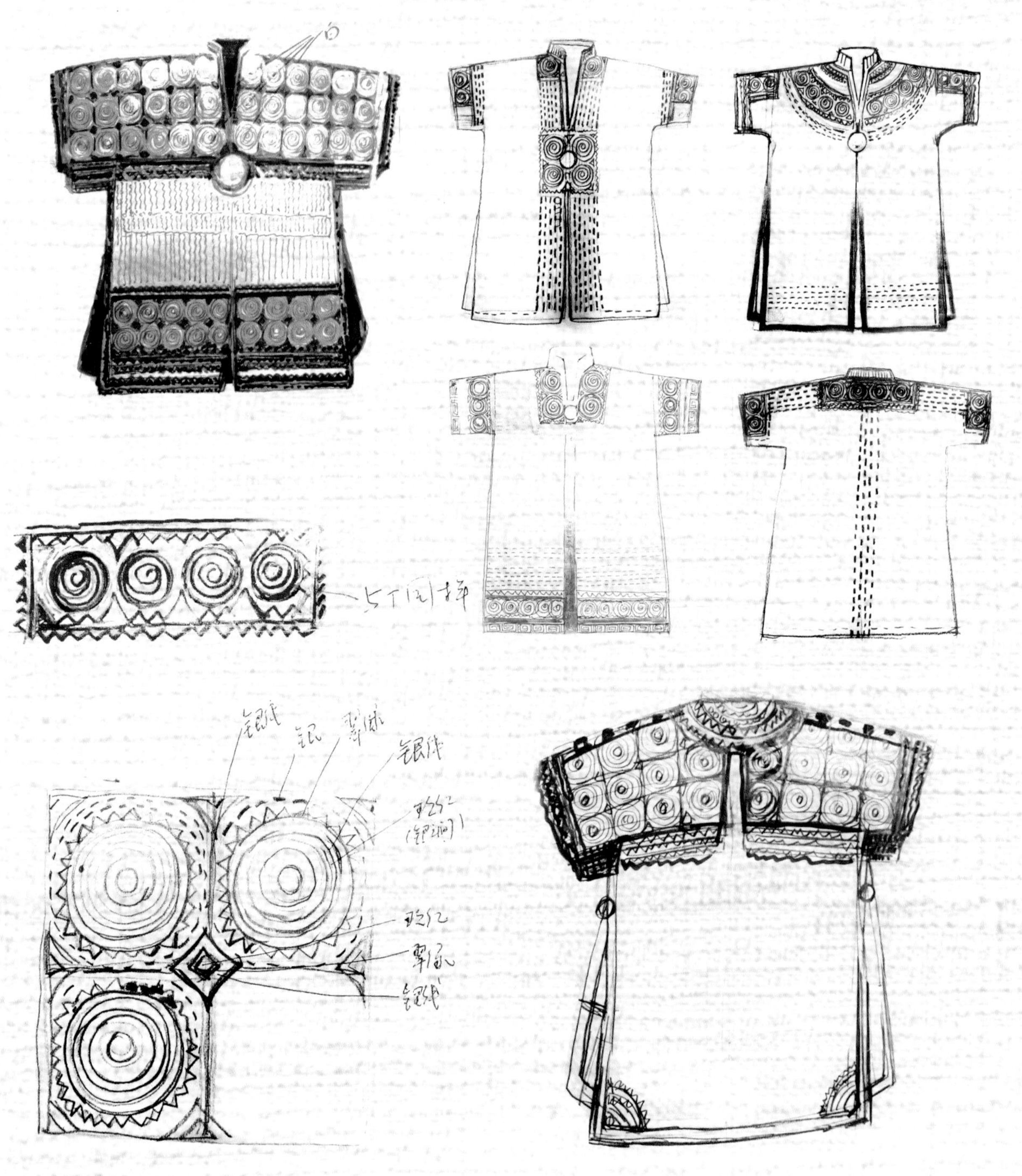

图5-12 设计草图

2. 样衣制作

在样衣制作的过程中，图案采用了电脑仿手工刺绣，刺绣针数设计为56万针，注重一针针的疏密关系和饱和度，使其具有手绣感。礼服设计简约、自然，又不失其国际性与民族性特色，不仅象征着国际性与民族性的融合，同时寓意中国的56个民族（图5-13）。

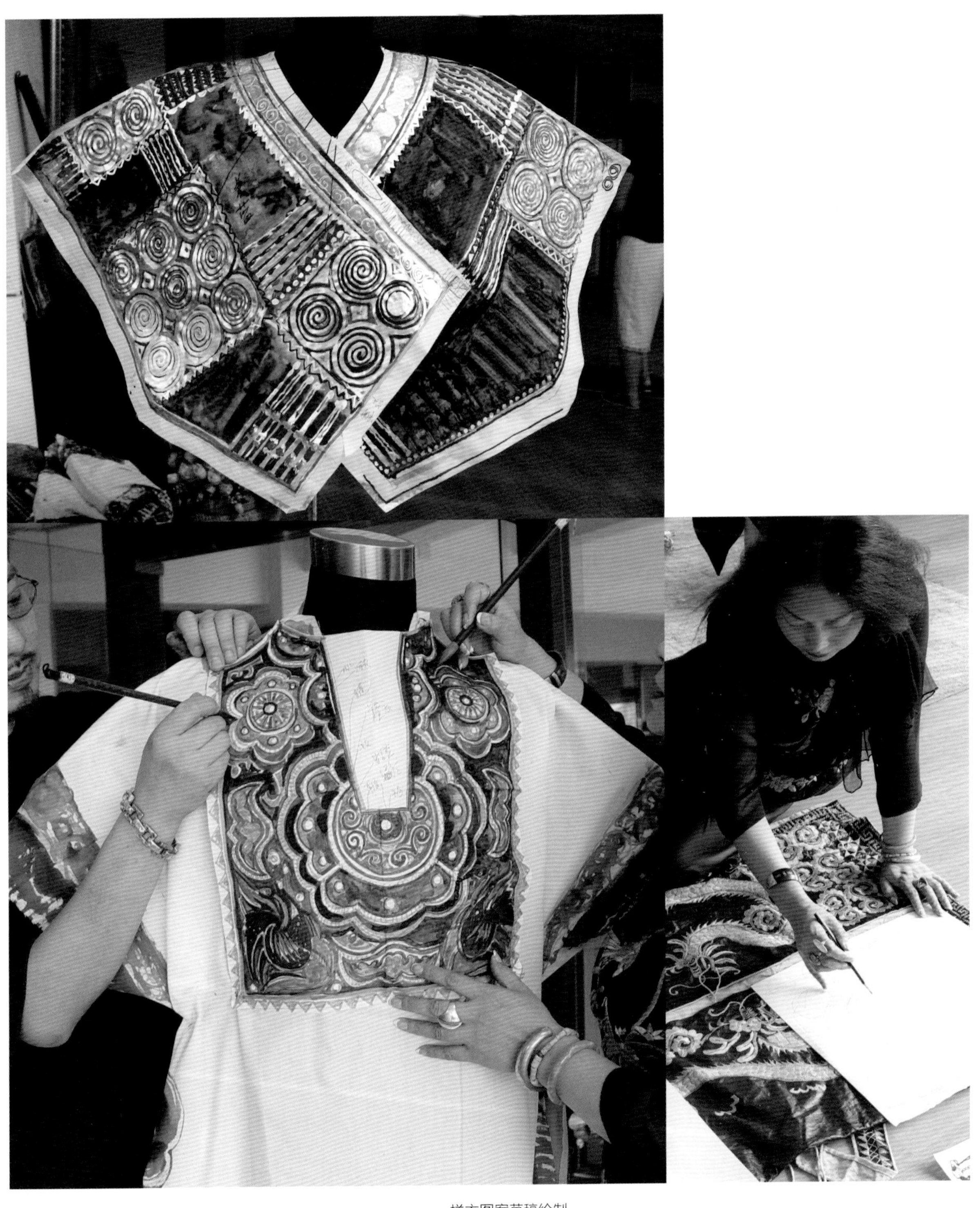

样衣图案草稿绘制

图5-13

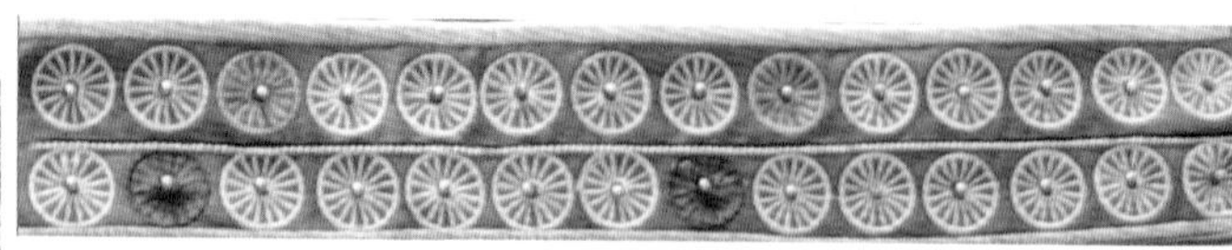

绣片制作

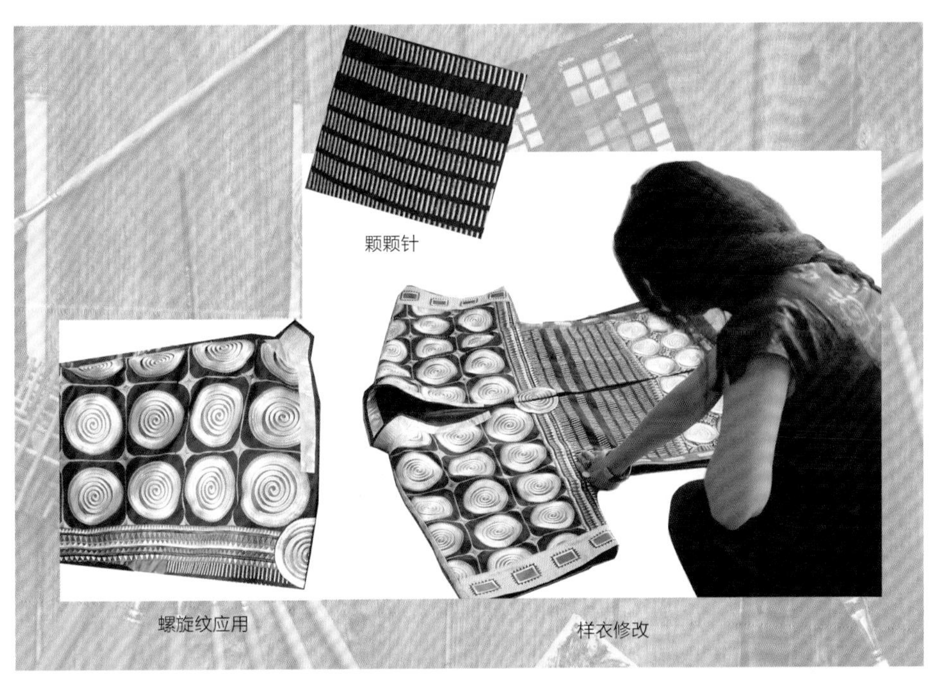

部分样衣和部分细节展示

图 5-13　样衣的制作过程

3. 最终服装展示

2005年10月11—14日，第五届“亚太城市市长峰会”在重庆召开。市长们身着巴渝盛装，围绕“城市·人·自然”这一主题进行了广泛而富有成效的探讨和交流，取得了丰硕成果。具有浓郁民族文化和地方特色的“巴渝盛装”也为峰会增添了浓墨重彩的一笔（图5-14）。

图5-14 亚洲各国市长身着选定的礼服参加会议

创意才能的培养是服装设计专业的核心与关键，其教学内涵涉及艺术创造灵感和工艺制作的严谨科学方法，也是培养未来实力设计师的重要课程，因各院校学术传统和教授的学术经验不同，创意设计的教材也不尽一致，笔者所任职的西南大学纺织服装学院，兼容艺术与工程学科，学生的知识结构基础也不同，所以需要因材施教，综合学科优势，结合学生知识结构，教材本身也必须创意创新才能与时俱进，适应不断发展的服装设计人才的需求。

本书的编排和撰写，历经四年之久，笔者根据大学服装设计教学大纲的宗旨，总结了多年从事创意服装设计的经验，以及服装设计教学中涉及的种种问题进行具体分析和详细讲解。为了全面且详尽的介绍服装设计作品，方便学生学习，书中列举了一些服装设计大师的优秀作品和笔者自己的创意服装作品及其创作过程，为实际教学工作提供了有益的参考和帮助。服装设计这个专业尤其是贯穿于设计过程的创意生发与延续升华，很大程度取决于文化素养和心灵感悟，所以没有标准的尺度和一致的答案，笔者在书中所列举的案例也选择了不同的文化主题和各异的创意空间，意在拓展学生的眼界，适应不同的设计对象，掌握不同的设计语言，塑造不同的创意空间。

由于书中内容丰富，来源广泛，个别未署名的作品没有及时确认作者，在书中未能标注，特此说明。同时对参与本书编写工作的刘丽丽、何钰菡、黄子棉、熊欢、王建娜、汪建林、肖言等教师、研究生及设计师表示衷心的感谢！本书还存在诸多不足之处，希望大家多提宝贵意见，共同分享服装设计创作心得。

梁明玉

西南大学纺织服装学院教授

2018年2月